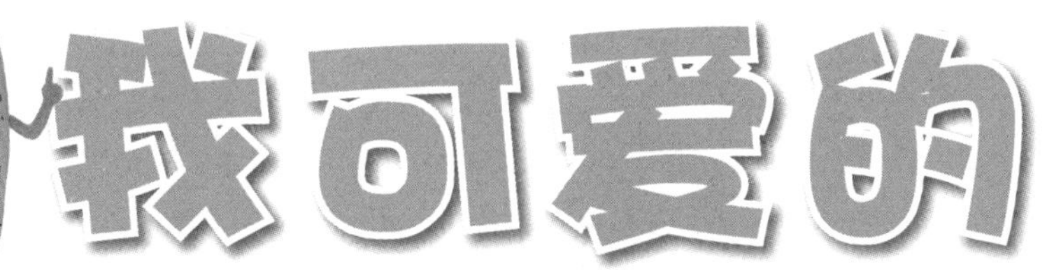

植物伙伴

［韩］巨天牛作家团体 / 著
［韩］沈润贞 / 绘　金恩净　许海霞 / 译

光明日报出版社

前言

花草树木活着的乐趣是什么呢?

植物既不能像小狗一样在地上跑来跑去，又不能像小鸟一样在天空翱翔。植物不能痛快地“汪汪”大叫，也不能高兴地“咕咕”直唱。当然了，植物不能像我们人类一样窃窃私语，也不能放声哈哈大笑。植物只是默默地站在原地，只在该开花的时候开花，该凋零的时候凋零。

这么一看，植物们还真是可怜啊。说不定连植物自己也后悔这样出生在世上呢。

不过，果真如此吗? 植物们真的没有乐趣地生活在这个世界上吗?

尽管我们享受植物漂亮的花和香气，把植物的果实当作食物或者药材，但是我们对植物的生活还有很多不了解的地方。如果我们对植物的世界再多一点点了解，会感到大吃一惊的。

看起来斯文老实的植物们其实也像动物们一样，会为了生存而展开竞争。那么，植物是拿什么当武器来竞争的呢? 听说植物是通过红娘结婚的，是真的吗? 植物怎么生宝宝，怎么照顾宝宝呢? 不，比起这些来更重要的是，植物是靠吃什么生存的呢? 植物为什么没有像动物一样长着可以到处移动的腿呢? 听说有吃动物的植物，这是真的吗?

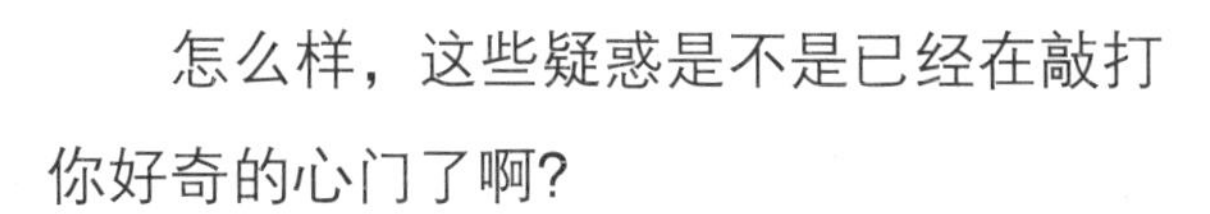

怎么样，这些疑惑是不是已经在敲打你好奇的心门了啊?

在你读这本书的过程中，你会不停地点着头，恍然大悟道：“所以植物们会开花，会有蜜和果实啊。所以叶子是绿色的啊。所以会有落叶啊……”你会领悟到植物的世界不亚于动物世界，也是一样有趣又令人感动。

好了，那就让我们开始神秘的植物世界之旅吧。

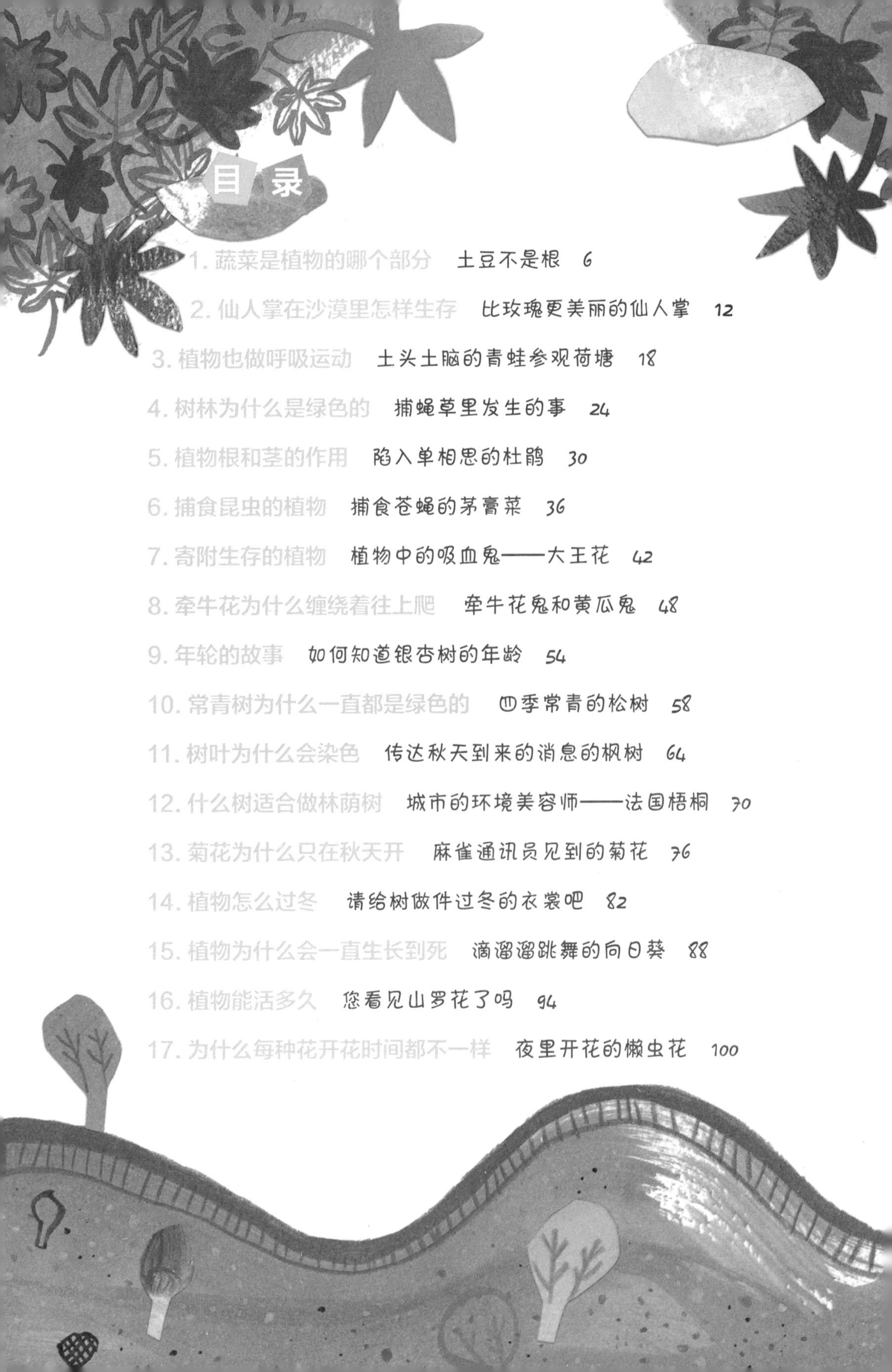

目录

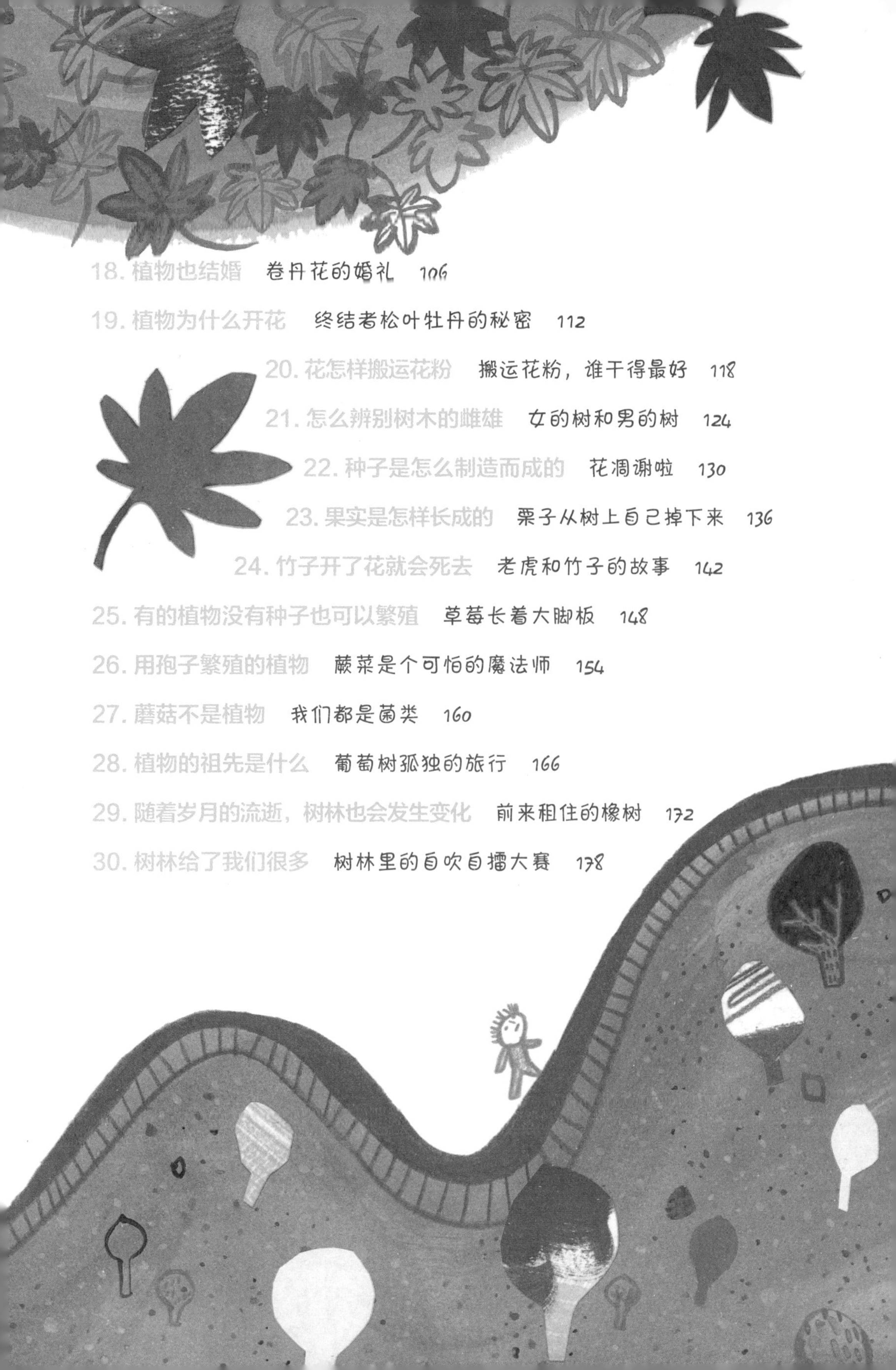

1. 蔬菜是植物的哪个部分

土豆不是根

流浪汉土豆已经好几天没吃到东西了，实在是饿极了。正巧村子墙上贴出了一扇门那么大的广告：

“今天在彩虹花园举办派对。欢迎所有的根类植物和果实植物来参加！”

土豆高兴得直拍手。

“太棒了！太棒了！今天可以尽情地吃个饱了。还可以和漂亮的姑娘跳舞。哈哈哈！”

土豆激动不已。虽然他已经出来 10 天了，从来没有遇到过让他这么高兴的事。

土豆精心打扮了一番之后就去了彩虹花园。派对已经开始了，里面传出了“咚咚嚓嚓”的音乐声。可是，这是怎么回事呢？门卫萝卜一动不动地立在门口不让土豆进去。

“哎！萝卜先生，我是土豆。就算我比你长得帅，你也不能这样吧？”土豆斯文地对萝卜劝说道。

听了土豆的话，萝卜冷笑了一声：“哈哈哈！喂！你不仅比我个头小，还圆乎乎的，你不觉得你粗短矮胖吗？不管怎么看你也没什么地方比我强啊。”

“那个，那个……”土豆的脸一下子变得通红。事实上，萝卜皮肤白白的，长长的叶茎帅气地绑在后面，可是非常时髦呢。土豆个头小，脸色蜡黄还有麻子， 和萝卜相比是个不折不扣的乡巴佬儿。就算是这样，土豆也不泄气，说道：“萝卜先生，凡事都是内在比外表更重要的。你们萝卜动不动就糠掉，让农民伯伯多伤心啊！我们土豆就绝对不会像你们那样。好了！赶紧让我进去吧！姑娘们不是在等我吗？！”

萝卜觉得大言不惭的土豆很是荒唐，说道："好啦，多说无益，你还是回去吧。这里可是根和果实的聚会啊。"

"你可说得太对了。我当然能堂堂正正地参加了，我可是堂堂的根啊！"

"什么？你说你是根？哈哈哈！"

"你笑什么啊？我的身上不也是沾着泥土吗？所以我也和萝卜、红薯一样都是不折不扣的根啊。还有，如果论长相的话，虽然我比不上萝卜，可我总比红薯要强吧？难道不是吗？"

听了土豆的话，胡萝卜、茄子、辣椒等都捧腹大笑起来。

只有红薯气得脸通红使劲瞪着土豆。

这个时候，橘子小姐实在是看不下去了，她告诉土豆："喂，你不是根，你是茎，难道你一直都不知道吗？"

"什么？你说我是茎？"土豆这才大吃一惊，反问道。紧接着，红薯威胁土豆说："你难道不知道你家的家谱吗？在被我教训之前，你最好马上离开这里。"

结果呢？土豆羞红了脸，溜走了。

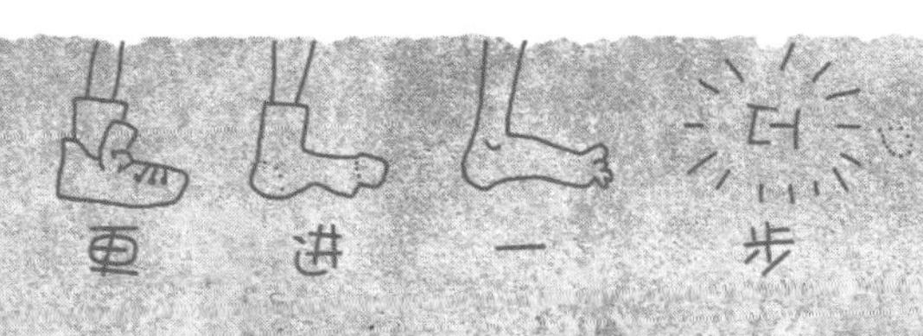

土豆真的不是根吗？

土豆是从地里面挖出来的，所以乍一看上去很容易误以为土豆和红薯、萝卜一样，也是植物的根。但是，土豆是延伸到地里面的茎发生变化以后变粗而形成的。如果你仔细观察，你会发现土豆不是根，而是植物的块茎。

像吃土豆一样，我们还吃芋头、竹笋和芦笋等植物的茎。

土豆

竹笋

芋头

芦笋

在寒冷的北方种植土豆，在温暖的南方种植红薯

土豆

土豆是延伸到地里面的茎变成的。所以，土豆的样子圆圆的，上面没有支根。和土豆相比，红薯的两端细长，上面还长着许多支根。这是因为红薯是植物的根。

土豆在寒冷的地方可以很好地生长，相反，红薯要在热的地方才能长得很好。因此，越是寒冷的北方种的土豆越多，越是温暖的南方种的红薯越多。

红薯

谷物和作料是植物的哪个部分？

谷物指的就是我们吃的米、豆、麦子、玉米等。这些谷物都是植物的果实。谷物可以像大米一样做成米饭来吃，也可以像麦子一样磨成面粉做成面食来吃。

作料是我们用来调味的。我们的饮食里广泛使用的作料有辣椒、胡椒、姜、蒜、葱等。在这些作料里面，辣椒和胡椒是植物的果实，姜是植物的根，蒜和葱则是植物的茎。

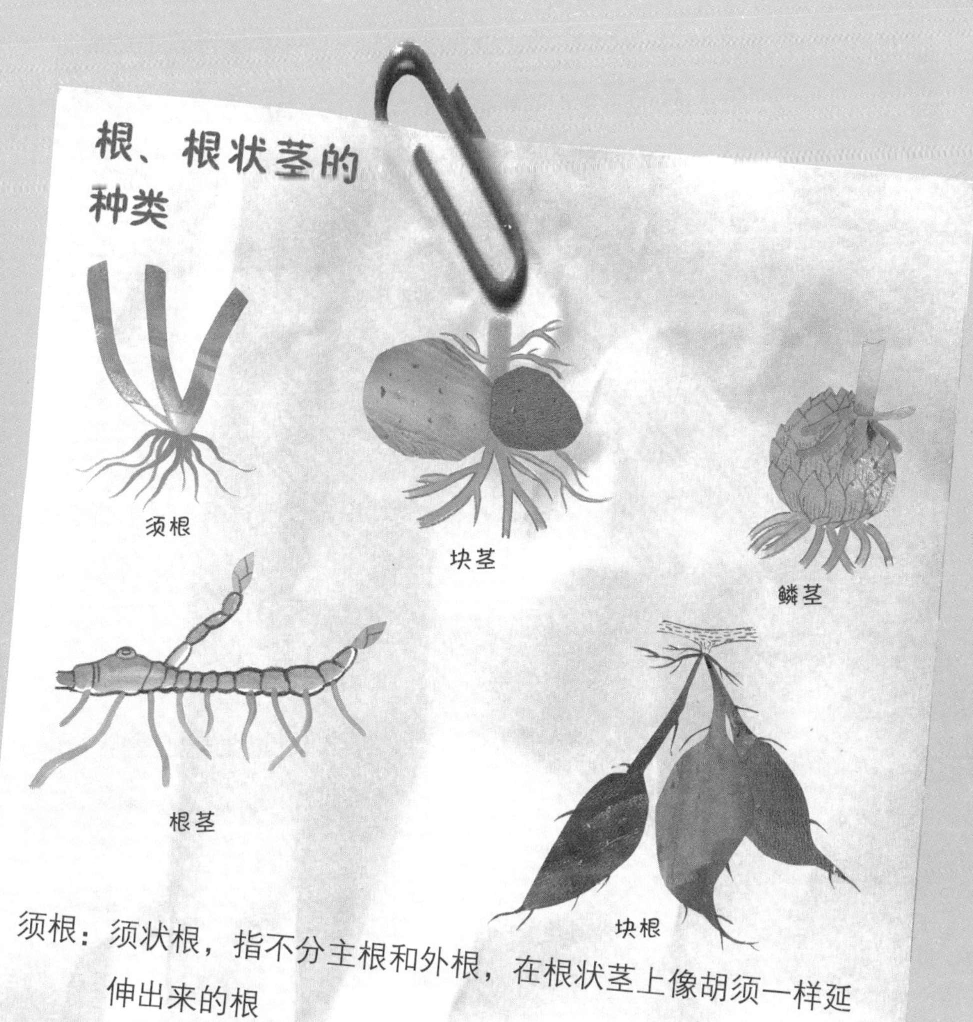

须根：须状根，指不分主根和外根，在根状茎上像胡须一样延伸出来的根

块茎：块状茎，长在地里面，如土豆、芋头等

鳞茎：鳞状茎，长在地里面，短短的茎周围长着很多储存养分的叶子，如蒜、葱、百合等

根茎：根状茎

块根：块状根，如红薯、萝卜等

2.仙人掌在沙漠里怎样生存

比玫瑰更美丽的仙人掌

花儿们争相说自己更美丽，因为这里正在举行“世界最美植物大赛”。可是，从沙漠里来的仙人掌却只是在默默地听着。

这个时候，玫瑰不耐烦地说道：“安静，安静！这样下去我们是不可能选出最美植物的。我看咱们干脆选出长得最丑的植物，你们觉得怎么样？”

“好啊！那可太有意思了。”

花儿们刚表示赞同，玫瑰就迫不及待地指向了仙人掌。

“为，为什么看，看我啊？”

“你长得跟刺猬似的，浑身都长满了刺。这还不算，你的外貌无一可取之处，又胖又大，还满身皱纹。所以啊，仙人掌，你是长得最难看的植物啦。”

听了玫瑰的话，仙人掌一句话也说不出来，脸憋得通红。然后，仙人掌唯唯诺诺地说道："我认为是否美丽并不只局限于外表。战胜困难的环境，顽强地生存的姿态也是很美丽的。那样的美丽还会随着时间的流逝而更加散发光彩。"

但是所有的花儿们都打心里面不屑地"哼"了一声。

那天的阳光格外强烈。时间越长，热气越浓烈地散发开来，植物们就像是站在火炉里面一样。

玫瑰的花瓣蔫了，桔梗花的花瓣也耷拉了下来。别的花儿也变得蔫巴巴的，之前的华丽早就消失了踪影。但是，仙人掌还是之前的样子，一丁点儿变化也没有。

“虽然现在说这话有些对不住大家，可是，你们看，现在谁最美丽啊？”

听了仙人掌的话，在场的其他植物们都哑口无言。

到了晚上，枯萎的花儿们才开始打起了精神。

“是谁给我的根浇水了啊？桔梗，是你吗？”

“不是啊。我也是得到了别人的帮助。美人蕉，是你吗？”

“不是，不是。我也是得到了别人的帮助啊。是谁呢？”

这时候，仙人掌害羞地挠了挠头，说：“我胖胖的身体其实是一个储存水的水箱。我看你们被太阳晒得都很难过，所以我把我身体里面的水分给了你们。”

“仙人掌！”

玫瑰和美人蕉、桔梗花感动得不知道该说什么好了。再一看仙人掌，确实比白天的时候看起来消瘦了不少。

“仙人掌，你才是最美丽的植物。因为你有战胜困难环境的智慧，还有一颗善良美丽的心。”桔梗花边鼓掌边说道。

“对！外表原来并不是最重要的。”

“请原谅我们白天的时候嘲笑过你。我们是因为无知才那样的。”

玫瑰和美人蕉也边笑边说道。

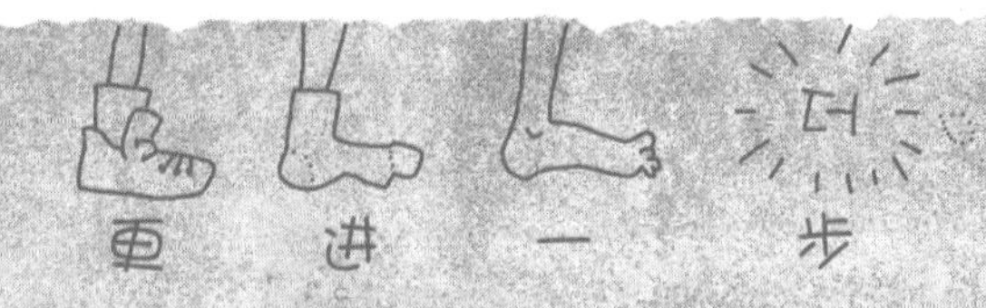

仙人掌的三个秘密

让我来告诉你们仙人掌能在沙漠里生存的三个鲜为人知的秘密吧！

第一个秘密：仙人掌的身体胖胖的，是因为里面储存了很多水。沙漠里又热又干，因此，每次下雨的时候仙人掌都会在身体里面储存许多水。

第二个秘密：仙人掌的身上包着像铠甲一样结实的皮。这是为了阻止储存在身体里面的水分渗到外面。

第三个秘密：遍布仙人掌全身的刺其实是仙人掌的叶子。为了阻止身体里的水分蒸发，仙人掌的叶子长得又小又窄，然后就逐渐变成了刺。变成刺的叶子可以阻止仙人掌被动物们啃食。

仙人掌是植物手风琴

布纹球

在仙人掌上有非常多的竖向褶皱。这些褶皱就像手风琴一样可以随心所欲地放大缩小。下雨的时候，为了在身体里面储存更多的水，仙人掌的褶皱会完全打开；很长时间不下雨的话，仙人掌就会全身布满褶皱把身体缩小。这样一来，就可以少接受一些阳光的照射，有助于战胜酷暑。

比电线杆还高的树形仙人掌

树形仙人掌

树形仙人掌高达 15 米。完全长大的树形仙人掌重达 10 吨，这重量里面大部分是储存在身体内部的水分的重量。怎么样？你可以推测到树形仙人掌的身体里有一个多大的水箱了吧？

树形仙人掌每长高一米大概需要 20~25 年的时间。那么，身高 15 米的树形仙人掌应该已经有 400 多岁了吧？

但是，令人吃惊的是，个头如此之大的树形仙人掌的根不过六七厘米长。那么，树形仙人掌的根是怎么支撑上面巨人的身体的呢？这是因为树形仙人掌的根延伸得十分宽广。

活着的水瓶——波巴布树

波巴布树，又叫猴面包树，生长在澳大利亚或非洲的沙漠里。大的波巴布树高达 20 米，树身直径达 10 米。波巴布树的模样呢，底部像水缸一样粗粗的，越往上越细。尤其是生长在澳大利亚的波巴布树，底部非常粗。

波巴布树

在波巴布树长得像水缸一样的树干里面装着很多水。波巴布树生长在像沙漠一样极其炎热又很少下雨的地方，所以，总是事先储存水分。据说，人们走路走得口渴了会抽波巴布树的水来润润嗓子。

非洲的土著居民们曾在波巴布树上凿洞在里面生活，有时候也会在波巴布树里面埋葬死人。而且，还有已经存活了 5000 年的波巴布树，真的很惊人吧？

3. 植物也做呼吸运动

土头土脑的青蛙参观荷塘

青蛙看见在荷塘水面上一浮一浮漂着的浮萍，扑哧一下笑了起来。

“人们以为我们青蛙是吃那些浮萍的，因为在我们青蛙聚集的田里或者荷塘里经常可以看见浮萍。”

青蛙正在参观荷塘，他是昨天晚上才搬到这里来的。

“我的举止一定得像个绅士才行。我可不能被住在荷塘的邻居们笑话我是从乡下搬来的，不能让他们瞧不起我。”

“扑腾！”青蛙跳进了荷塘。游了没多久，青蛙生平第一次看见了一朵花。那是一朵紫色的凤眼莲，不过一直生活在乡下的青蛙当然不认识了啊。也许是因为这个原因，青蛙看到凤眼莲以后说道：“哎哟，叶柄底端肿得胀胀的。乍一看还挺不错的，仔细一看好像是得了传染病啊。一定病得很厉害吧？连根都一起跟着一浮一浮的。啧啧！”

竟然说人家好好的凤眼莲得了传染病！要是让凤眼莲知道的话一定会骂青蛙的。

凤眼莲叶柄底端像球一样膨胀的地方是储存空气的地方。凤眼莲漂浮在水面上多亏了这个空气袋。如果没有这个空气袋，凤眼莲恐怕早就沉到水里面去了。那样的话凤眼莲就见不到阳光，也制造不出养分，更别提呼吸了。

青蛙这会儿又碰到了顶着大叶子的粉色荷花。这也是青蛙头一次看到荷花。荷花和青蛙相互打了招呼后，荷花马上就向青蛙请求道："请千万别往我的周围扔石头！我的兄弟们会受伤的。"

"当，当然了。"青蛙随口答应着离开了荷花。可是，青蛙越走越觉得生气。

“咦？难不成我看起来像那种闲得无聊会扔石头的人吗？什么嘛？！因为我是从乡下来的所以瞧不起我！真憋气，那我说不定还就给你扔两块石头呢！”

就在这个时候，头上射出红灯的蟾蜍急匆匆地往什么地方游了过去。

“救护车来了！请让一下！”

青蛙很好奇到底出了什么事情，于是就跟了上去。

结果，正是刚才那朵荷花出了事情。有人扔了一块石头扔到了荷叶的正中央。那是一块又大又宽的石头，荷叶看起来马上就要沉到水里面去了。如果不是蟾蜍及时清理掉那块石头，荷花因为不能呼吸早就没命了，因为荷花的空气孔被堵住了。

在旁边看着的青蛙想不明白，嘀咕着：“真让人纳闷儿！荷花还有空气孔？堵住了就不能呼吸了？要是去问的话又显得我老土……哼哼！”

不过，青蛙表面上装着很明白不停地点头。唉！这只青蛙的自尊心可真够强的啊，对吧？

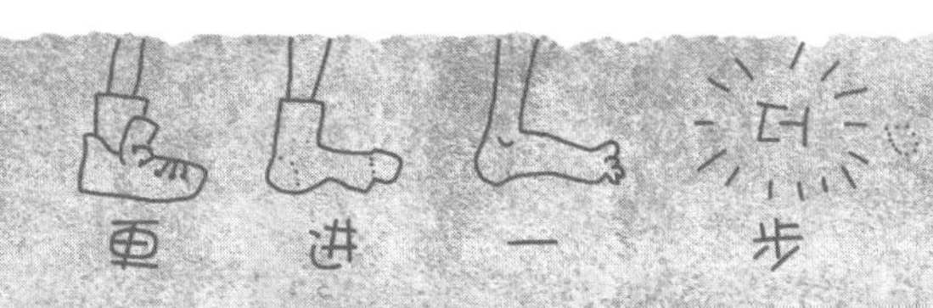

植物也呼吸吗？

植物和动物一样，如果不呼吸的话是不能生存的。在植物叶子的背面长有空气孔，这便是植物的呼吸孔。与之相反，生活在水里的植物的空气孔则长在叶子的正面。

植物在白天和夜间的呼吸方式是不同的。白天，因为光合作用，植物吸进二氧化碳呼出氧气。夜里，因为没有光合作用，植物像动物一样吸进氧气呼出二氧化碳。因此，夜间不要把花盆放在室内，因为植物呼出的二氧化碳会让房间里的空气变浑浊。

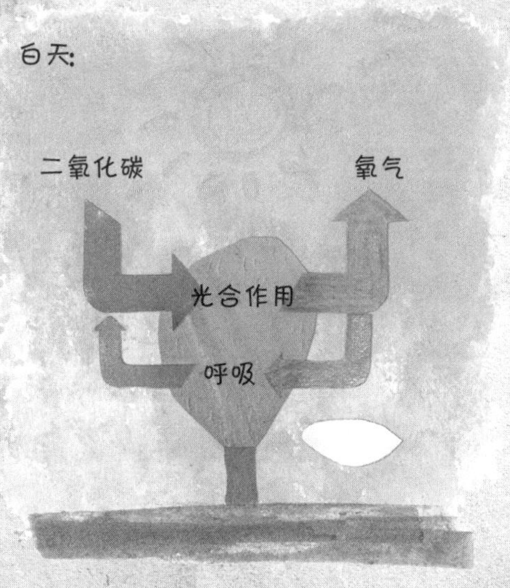

白天进行光合作用时气体的出入

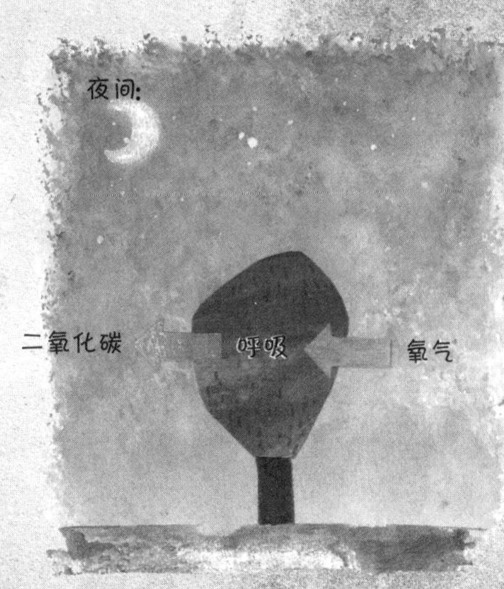

夜里没有光合作用时气体的出入

藕里面为什么有很多洞？

如果砍断与荷叶连接着的茎秆，你会发现通着的洞。这个洞一直长长地延伸到埋在水底泥里的茎部。藕就是靠这个洞呼吸才不会在水里腐烂。也正是因为有这个洞，荷叶才能漂浮在水面上。

藕

当我们吃藕的时候，看见过藕里面密密麻麻的洞吧？那些洞就是藕的呼吸孔。其实，我们吃的藕并不是荷叶的根，而是荷叶埋在地里面的茎。

我也是生活在水里的植物

植物本来是在水里诞生的。后来才逐渐地转移到陆地上，变成了今天人们看到的长在陆地上的植物。其中，也有一些植物重新回到了水里。

漂浮在水面上的凤眼莲、浮萍，生活在水里的狐尾藻和黑藻就是生活在水里的植物。

还有，叶子浮在水面上的睡莲、菱角和生长在水边的芦苇和香蒲，也是重新回到水里生活的植物。

在水边常见的香蒲

捕食小鱼的狸藻

有一种叫作狸藻的在水里生长的植物。狸藻的茎延伸在水面上，开黄色的花，叶子只待在水里面。狸藻的叶子上长满了内部中空的小空气袋，所以狸藻可以漂浮在水面上而不下沉。在空气袋里有像自动门一样开闭自由的门。因此，如果有在水里生存的昆虫或小鱼经过狸藻附近，狸藻会迅速打开空气袋的门把它们吸进去进行捕食。所以，对于生活在水里的昆虫和小鱼来说，狸藻的空气袋可是它们可怕的敌人。

狸藻

4. 树林为什么是绿色的

捕蝇草里发生的事

我们是刚结婚不久的蝴蝶夫妇。婚礼结束后，我们为了去海边度蜜月在机场随便坐了一架飞机就出发了，当然了，是在人们不知道的情况下悄悄地上去的！

我们到达的地方是北美洲北卡罗来纳的海边。我们被那里的海景迷住了，实在是美极了。

到达海边之后我们开始找休息的地方，正好看见了一棵很合适的植物。那是叶子长得像张开了的贝壳一样的植物。

“哦，亲爱的，咱们在那儿度过甜蜜的新婚夜吧。”

我们牵着对方的手轻轻地走进了那个植物的叶子里面。但是，那个长得像贝壳的叶子突然迅速地把我们捆了起来。真是被吓死了！

“我是捕蝇草！我是捕食昆虫的植物。”

“我们是来这儿度蜜月的。求您放了我们吧！呜呜呜。”

“我们连新婚之夜都还没度过呢，就这么死了的话真的是太委屈了。太委屈了！”

我们一边使劲挣扎一边喊着。可能是我们两个看起来实在是太可怜了，捕蝇草说道：“那我出一个谜语，你们猜猜看！如果能猜对的话，我就放了你们！不过，到现在为止可没有答对过的昆虫哦。这个谜语的答案可是只有 50 岁的响尾蛇才知道的。呵呵呵！”

接着，捕蝇草问道：“为什么树林是绿色的？”

哎哟！怎么会有这么怪癖的问题呢？上帝把树林造成了这个样子，我们怎么会知道原因呢？

这时，我的太太说道：“我们现在吓得什么也想不起来了。所以，请你放我的丈夫一个小时，让他好好想想答案吧。当然了，我会一直留在这里。”

于是，捕蝇草大笑了起来。

“哈哈哈，好！就算你丈夫不回来我也无所谓，只吃一只胖乎乎的你我就够了。”

我非常生气地喊道："你当我是什么？亲爱的，我一定找到答案回来，你等我！"

然后我就急匆匆地去找据说是最有智慧的蛇。蛇回答我说："树林之所以是绿色的，是因为叶绿体的缘故啊。"

"什么？您的话是什么意思？"

"植物的叶子里有一种叫叶绿体的东西。叶绿体是植物进行光合作用所必需的东西。在叶绿体里有一种接受阳光照射后就泛绿色的，叫作叶绿素的色素。也正是因为这个缘故树叶是绿色的。"

"那，什么是光合作用呢？"

"所谓的光合作用就是植物利用阳光制造出生存所需的养分的过程。你也是托植物光合作用的福才能吃到好吃的蜂蜜啊。你一直通过接受植物的帮助来生活，难道连这个也不知道吗？啧啧！"

蛇责备完我就走了。反正我已经知道答案了。

"嗨！我亲爱的新娘，我来啦！"

我兴奋得一下子飞回去找捕蝇草。也多亏我们找到了答案，现在我们夫妻俩正在期待宝宝的出生，幸福地生活在一起。

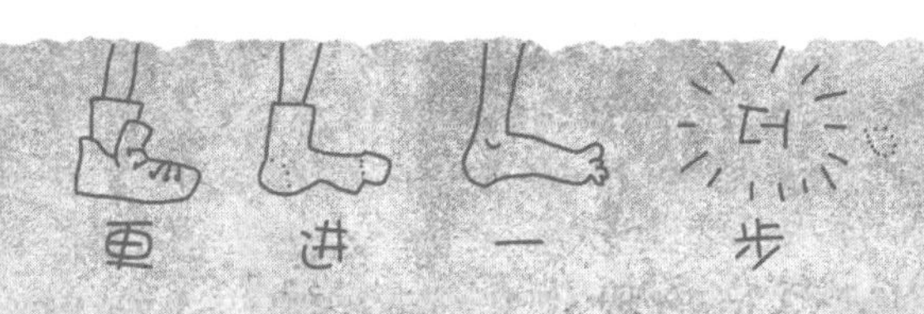

植物的伟大魔术——光合作用

植物的根在地底下吸收水分，然后通过树干把水分传送到树叶上，树叶则在白天的时候只吸入二氧化碳。

树叶就利用这样得来的水和二氧化碳变魔术。树叶利用阳光把水和二氧化碳转换成淀粉和氧气，这就是光合作用。光合作用是借助树叶里的叶绿体发生的。

像这样，植物自己制造出自身需要的养分——淀粉，从而开花结果。植物白天排出体外的氧气算是进行光合作用的时候产生的废弃物。但是，这样产生的氧气却是动物们生存必不可少的宝贵的东西。

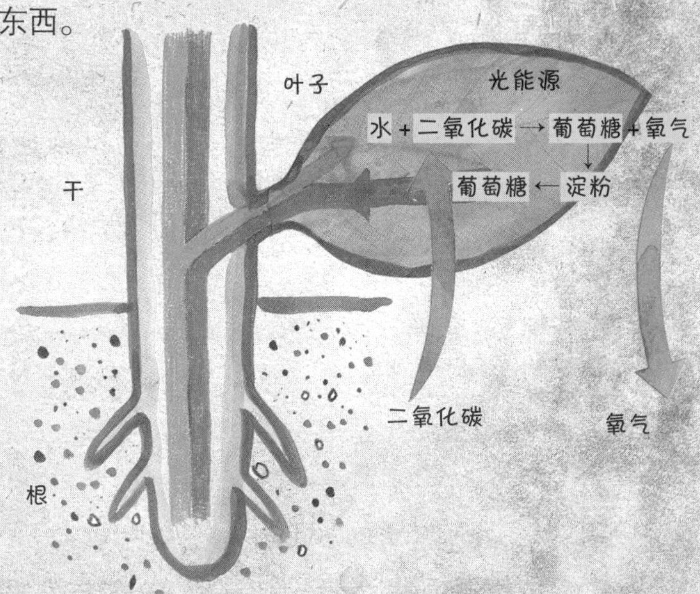

植物 常识

如果植物突然都消失了会怎样？

如果植物都消失了，地球会变成什么样子呢？

过不了多久，动物们就会因为不能呼吸而死去。这是因为只有植物才能制造出氧气。而且，因为没有了吃的东西也会引起极大的混乱。利用阳光自己制造养分的生命体只有植物，如果植物消失的话，动物们也就会跟着饿死的。

如果真到了那一天，人类也就无法生存了，那么，美丽的地球也就会变成一个没有生命的星球。所以，我们应该意识到植物对于地球来说是多么重要。

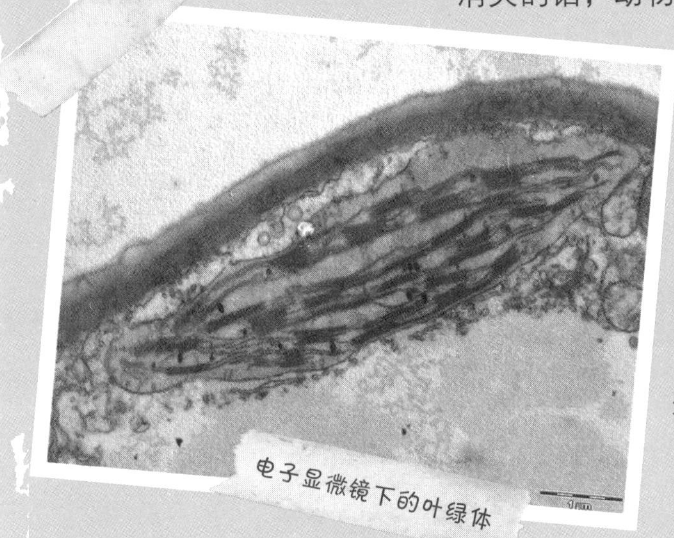

电子显微镜下的叶绿体

人类身体里面也有植物生存吗？

说我们的身体里面也有植物生存，你是不是听得很糊涂？

生活在我们身体里面的植物正是微菌，也可以说是细菌。事实上，虽然细菌不能完全被看作植物，但是比起动物来，细菌是更接近植物的。

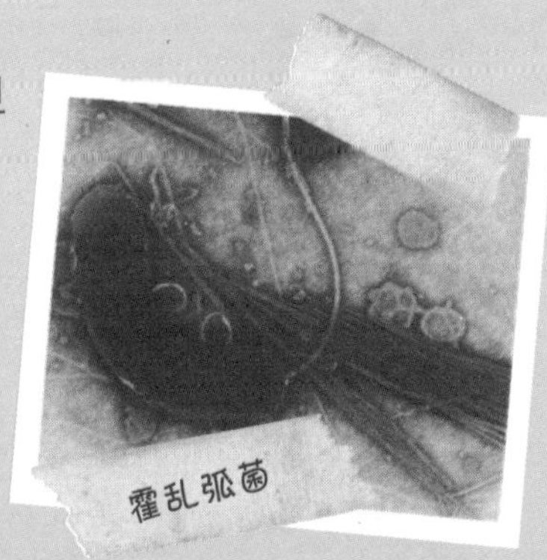
霍乱弧菌

我们熟悉的乳酸菌、大肠杆菌也算得上是生活在我们身体里面的植物。

细菌在地里面、水里面、空气里面任何地方都可以生存。但是，因为细菌极其微小，我们用肉眼是根本看不见的。可以引发疾病的霍乱弧菌、伤寒杆菌、白喉杆菌也都是细菌。但是，这些是对我们身体有害的病菌。细菌里既有对人类有益的，也有对人类有害的。

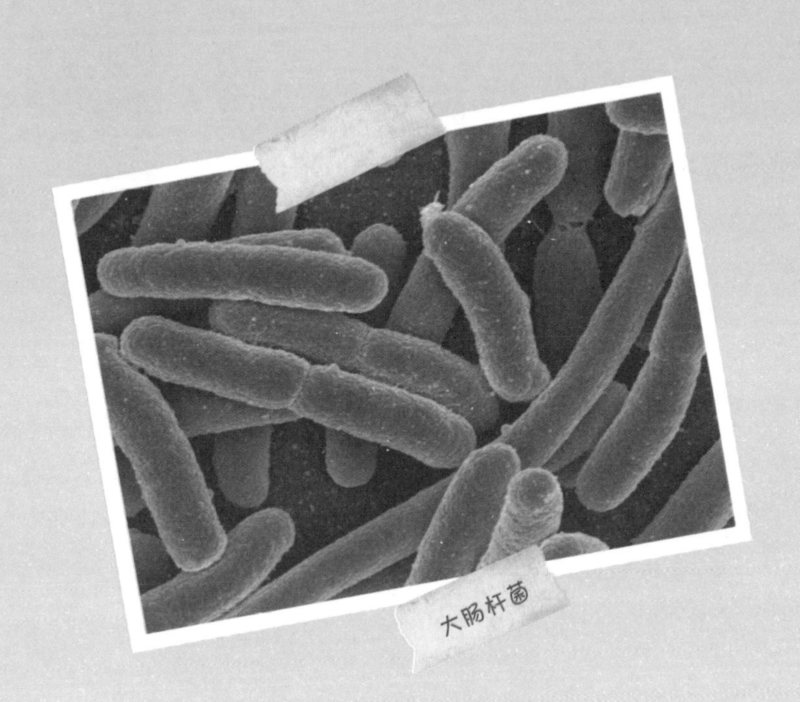
大肠杆菌

5. 植物根和茎的作用

陷入单相思的杜鹃

树林深处，大家都在议论纷纷，说杜鹃陷入了单相思。

“你听说了没有？说是杜鹃单恋金翅雀。”

大家都觉得不可能，对这事嘀嘀咕咕的。但是，杜鹃的爱却是一如既往。

“噢，要是我有翅膀的话一定会去金翅雀住的地方找他的。”

杜鹃太思念金翅雀了，思念得都要发疯了。杜鹃只能埋怨把自己紧紧地固定在地里的根。

有一天晚上，树林深处的魔法师蝙蝠趁别人不留意悄悄地来找杜鹃。

“我可以把你的叶子变成翅膀。不过，你能给我什么呢？”

“只要是我能给您的，我义无反顾。”

“嗯，我需要你的根。因为我的爱好就是收集植物的根。”

“没问题，反正要是我有了翅膀的话就不再需要根了，因为我再也不会栽在泥土里面了。”

杜鹃很爽快地答应把自己的根献给蝙蝠。

魔法师蝙蝠开始念起咒语来。紧接着，杜鹃的叶子就变成了漂亮的绿色翅膀。而且，杜鹃的根不知道什么时候已经被蝙蝠背在了背上。

“啊，对了！你单恋的金翅雀不久前搬家去了很远的地方，你得跨过三条河才能找到他。那，再见吧！”

“只要过了三条河就能见到他？我得快点儿走。金翅雀要是看见我的翅膀一定会被我迷住的。”

杜鹃飞上了天，她每煽动一次翅膀，翅膀泛着的绿光就会在阳光下闪烁，十分美丽。

杜鹃就这样飞过了一条河。

“好渴啊！我得喝点儿水。”

杜鹃决定到河里喝水。但是，因为把根给了蝙蝠魔法师，杜鹃根本没有办法喝水。

“这可怎么办呢？因为没有了根我也不能喝水了。那，要不就洗个澡吧。”

杜鹃虽然不能喝水，但是她把整个身体浸泡在了河水里。然后，杜鹃开始向着第二条河飞去。

可是，过了没多久，杜鹃觉得饿极了。杜鹃歪着脑袋说：“咦？奇怪了，为什么会觉得饿呢？虽然我的叶子变成了翅膀，但是里面的叶绿体还在，所以还是可以进行光合作用的啊……”

终于，杜鹃再也飞不动了，开始坠向地面。这时，她突然想起了一件事情。

“对了！进行光合作用的时候必须得有水才行啊。啊啊，为什么我没有意识到根的宝贵呢？”

直到这时，杜鹃才后悔把自己的根给了蝙蝠。

“咚”的一声响，杜鹃掉落在了地上。

“现在只要再过一条河我就能见到金翅雀了……”

杜鹃很惋惜地喃喃自语着。后来，杜鹃再也没有动弹过。

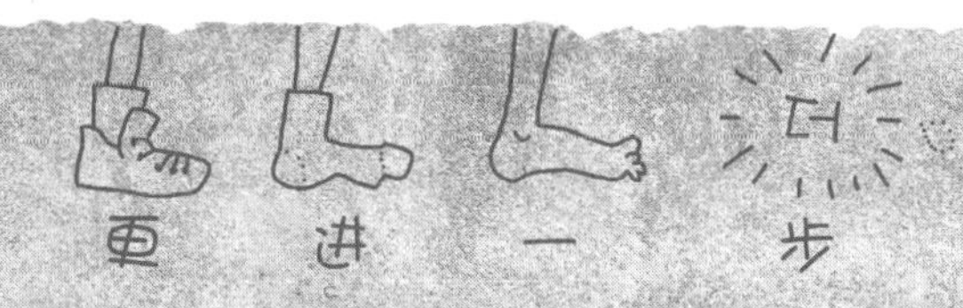

植物的身体是怎样构成的？

动物是由头、颈、躯干、四肢构成的，那么植物是怎样构成的呢？

植物的身体大致分为叶子、茎和根。不过，有的植物除了这三部分以外还长有花朵。也有的植物是茎和叶子、根合为一体的。

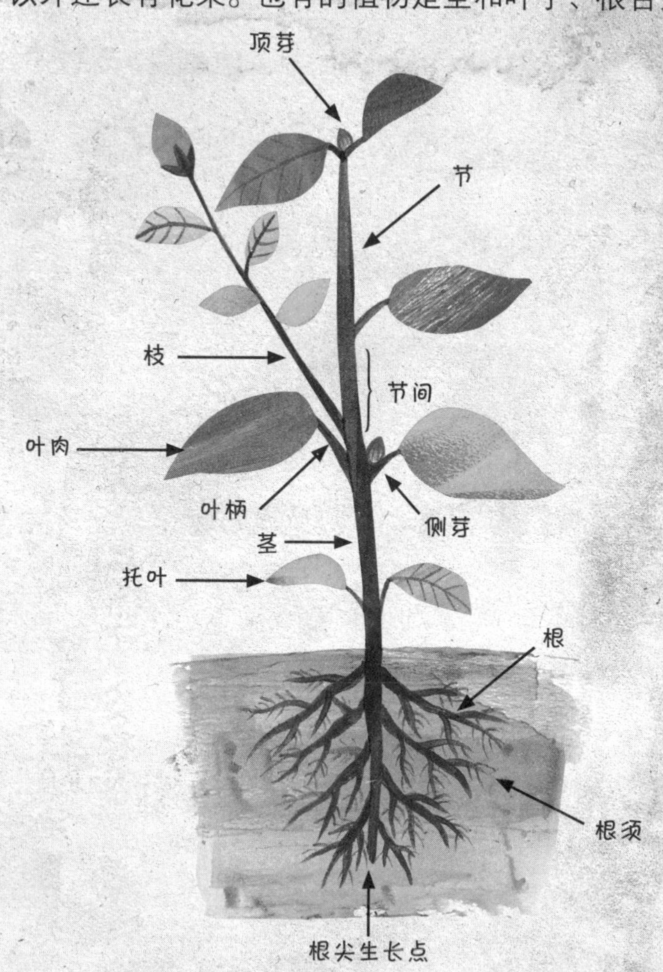

茎是植物的骨架

植物的叶子和花都长在茎上。茎就对叶子和花起到坚强的支撑作用。只有这样，叶子和花才能接受充足的阳光照射。

让我们设想一下植物没有茎会是什么样子。没有茎的话，叶子和花就会挤挤挨挨直接长在根上面。叶子和花就不能均匀地接受阳光的照射，就会慢慢地凋零。

根的作用是什么？

经过了很多岁月后绽露在外面的根

不管经历多大的暴风雨，植物一般情况下都不会轻易倒下，因为扎在地底下的根牢牢地扒着土壤。植物能坚韧地立在地面上，多亏了扎在地底下的根。

如果仔细观察植物的根，我们可以发现在根上长着一些像毛一样纤细的东西。这些纤细的毛就叫作根须。根须负责在地底下吸收水和养分。

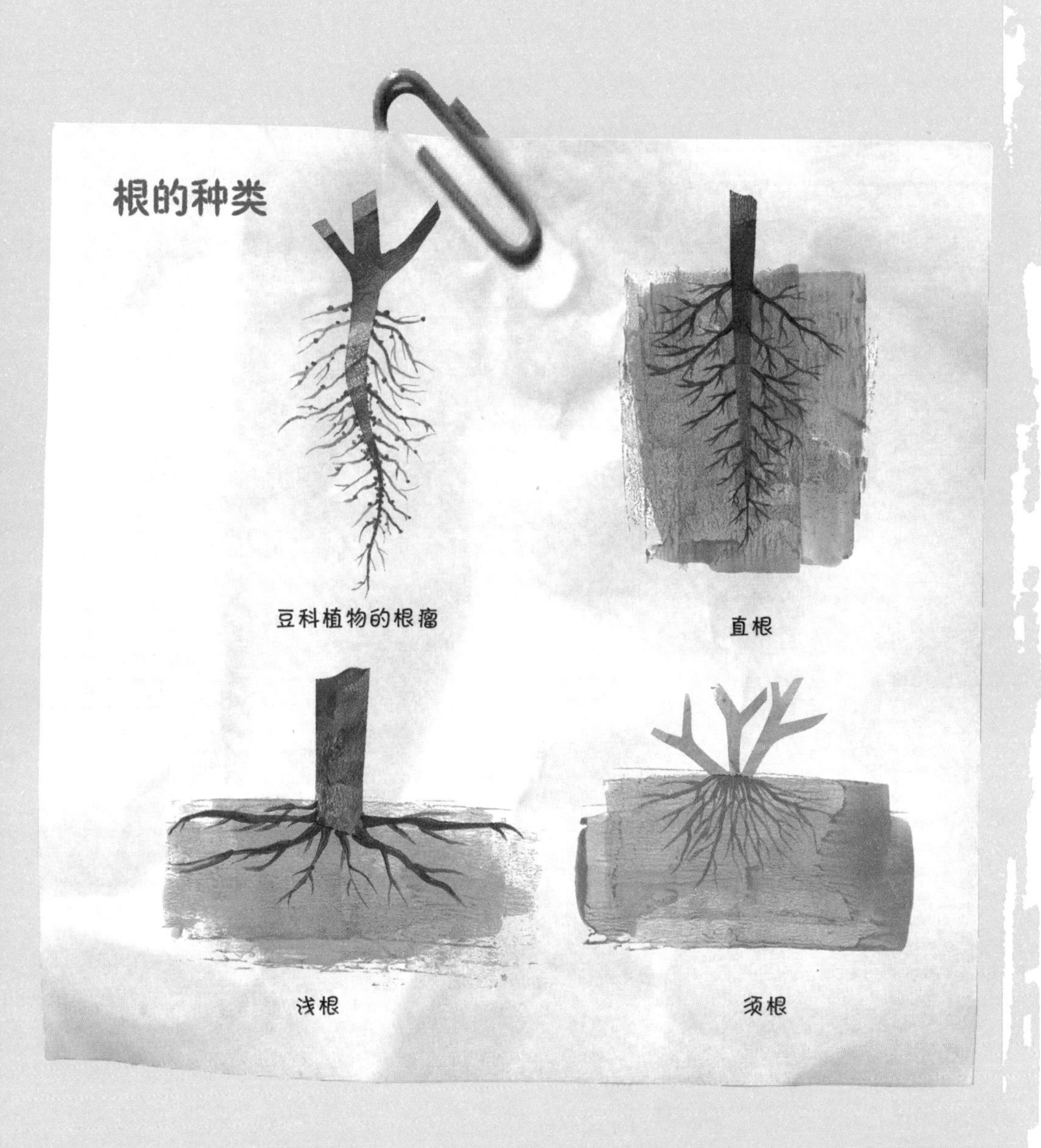

6. 捕食昆虫的植物

捕食苍蝇的茅膏菜

这一天，太阳热辣辣地烤着大地。苍蝇小姐和苍蝇绅士出去散步了。

“你看那朵花！怎么长得那么漂亮呢？”苍蝇小姐指着黄色的向日葵说道。

“还真是啊。但是，那也不及你美丽啊。”苍蝇绅士摇着头说。听完这话，苍蝇小姐羞红了脸，露出了一脸的幸福。

两个人就这样边说边走，来到了沼泽地。这时候，苍蝇小姐吃惊地说：“哎呀！你快看那里！那个戴着玫瑰色漂亮的珠子的东西，看起来就像是戴着宝石王冠一样，

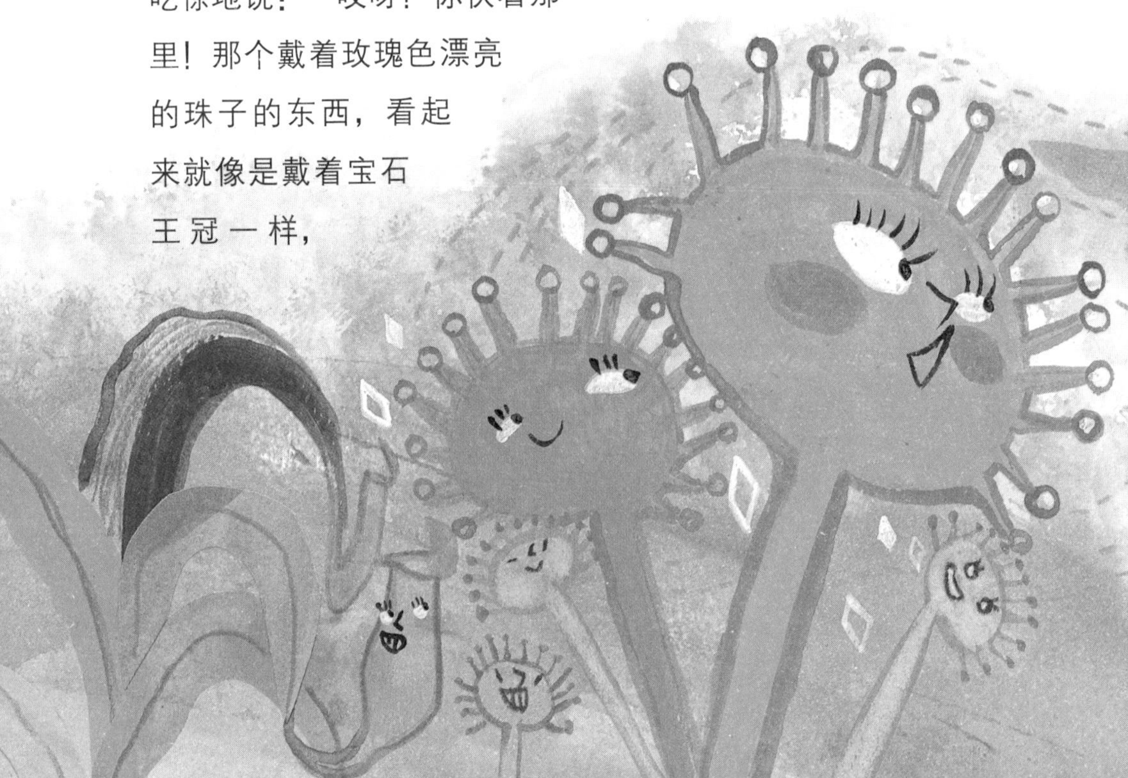

真是漂亮极了！你能给我摘一颗那个玫瑰色的珠子吗？”

“好的。听说人类会给自己心爱的人戒指或项链作为两个人爱的见证。那我就去把那漂亮的珠子摘来戴在你美丽的脖子上。”

“谢谢你！不过你要小心青蛙和蟾蜍啊！”

“别担心！我马上就回来！”

苍蝇绅士飞向了那棵不知名的植物。可是，这是怎么一回事啊？苍蝇绅士突然惨叫了起来。

“哎哟，救命啊！”

被吓了一大跳的苍蝇小姐靠过来，结果，她看见那棵不知名的植物用长得像饭勺一样的叶子把苍蝇绅士缠绕起来紧紧地勒着，同时还分泌出黏黏的汁在溶化苍蝇绅士。

“快逃！赶快逃啊！”

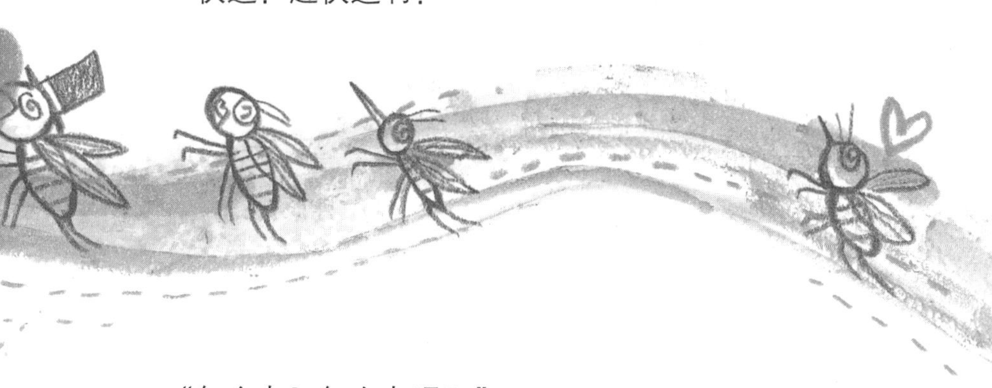

“怎么办？怎么办呢？”

苍蝇小姐不知该如何是好，急得直跺脚。不一会儿，苍蝇绅士死了，消失得无影无踪了。苍蝇绅士是被那棵不知名的植物吃掉了。

“呜呜！都怪我！如果我没让他去给我摘珠子的话……”苍蝇小姐一下子昏了过去。

这时，路过的蚊子阿姨觉得这里好像出了什么事，于是就飞过来想看个究竟。

“喂！小姐！你醒醒！出什么事了吗？”

好不容易才醒过来的苍蝇小姐把刚才发生的事情告诉了蚊子阿姨。

“唉！苍蝇绅士是遇到茅膏菜啦！那可是捕食苍蝇和蚊子之类昆虫的植物呢！那些漂亮的珠子其实是黏黏的水珠，正是捉昆虫的陷阱呢！我也差点儿被它捉住过。”

“还有这么可怕的植物？”苍蝇小姐似乎不能相信自己经历的这一切，疑惑地问道。

“是啊。还有猪笼草呢，那个你也得加倍小心才是。猪笼草长着大大的罐子，在罐子的入口处有蜜腺，所以会散发出甜甜的气味。那可是为了引诱昆虫进到罐子里呢。在罐子里面有可以溶化咱们昆虫的可怕液体。有的猪笼草罐子特别大，就连老鼠、青蛙，甚至鸟掉进去都会死。”

“啊！太可怕了！谢谢您告诉我这些！”

苍蝇小姐吓得瑟瑟发抖，迅速离开了沼泽地。

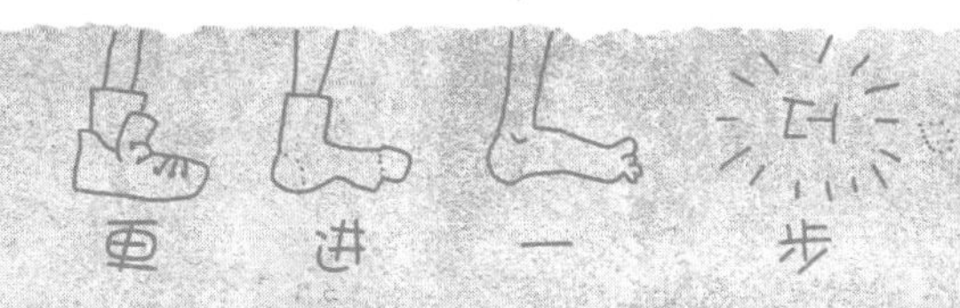

捕食昆虫的植物只靠吃昆虫为生吗？

捕食昆虫的植物也和其他植物一样可以自己制造养分。那它们为什么还要捕食昆虫呢？

这是因为捕食昆虫的植物生长在湿地的缘故。湿地里虽然有很多水分，但是氮、磷、无机物质之类的养分不足。氮和磷是植物身体里必不可少的养分。因此，捕食昆虫的植物通过吃昆虫来补充湿地里不足的养分。

长着硕大蜜罐的猪笼草

茅膏菜的智商很高

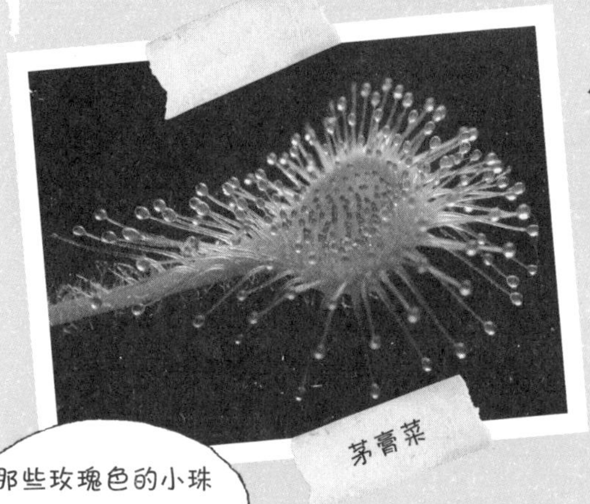
茅膏菜

茅膏菜对纽扣或硬币没有任何反应，但是却会把带有氮和磷的昆虫猛然捉住。按照这样的反应程度来看，茅膏菜的智商很高吧？

捕食昆虫的植物有两个共同点：散发出昆虫喜欢的气味；分泌黏液将昆虫溶解之后吃掉。

那些玫瑰色的小珠子其实是引诱昆虫的陷阱哦。

有没有捕食人类的可怕的植物呢？

犹如窈窕淑女一般优雅的捕虫堇

茅膏菜、猪笼草等都是代表性的食虫植物。

幸运的是，没有大到足够捕食人类或动物的食虫植物。但是，随着岁月的流逝，也有可能会出现个头有冰箱那么大的食虫植物。光想想都觉得恐怖吧？

分泌龙血的神秘的树

在澳大利亚的悉尼国立植物馆里有一种被称为龙血树的树。所谓的龙血树，意思就是分泌龙血的树。

龙血树上会很神奇地分泌出一种鲜红色的黏黏的树脂，看起来就好像树上在流血一样。所以，很久以前人们才会以为这种树上流出来的是龙的血吧。以前，龙血树的树脂被用来制作木乃伊。现在，龙血树的树脂仍被广泛地用来防止物品腐烂。

龙血树

龙血树是世界上最古老的植物之一。根据记载，有已经存活了 5000 年的龙血树。因此，非洲加那利群岛的土著居民用龙血树来守卫坟墓。

大的龙血树高达 20 米，树干直径达 5 米。龙血树连同巨杉、蓝桉被列入世界上最大的树木。

7. 寄附生存的植物

植物中的吸血鬼——大王花

地府里审判开始了。植物们心里怦怦直跳，他们都不安地回想着活着的时候有没有做过伤天害理的事情。

“大王花！出来！”地府判官威严地喊道。紧接着，大王花拖着超过 8 千克的笨重身体慢腾腾地爬了出来。

吓坏了的大王花一边叩头一边说道：“哎哟，判官大人！我没有犯过罪。我只是很努力地生活。”

“少安毋躁！一切都会真相大白的！地府检察官，这个植物究竟犯了什么罪你要告他啊？”判官问检察官。

“判官大人！这个植物的行径真是坏透了。我要一件件地查明他的罪行！”检察官呼了一口气接着说道：“请看大王花。他没有叶子和茎，但是他的花可是相当的大，直径足足超过 1 米。他可是把所有的精力都用来打扮他的脸了。所以，他就附在其他植物的根上抢夺养分和水分。我要请大王花寄居过的藤蔓来做证。”

证人藤蔓出庭了。藤蔓看起来病快快的，叶子也发了黄，肩膀无力地耷拉着。

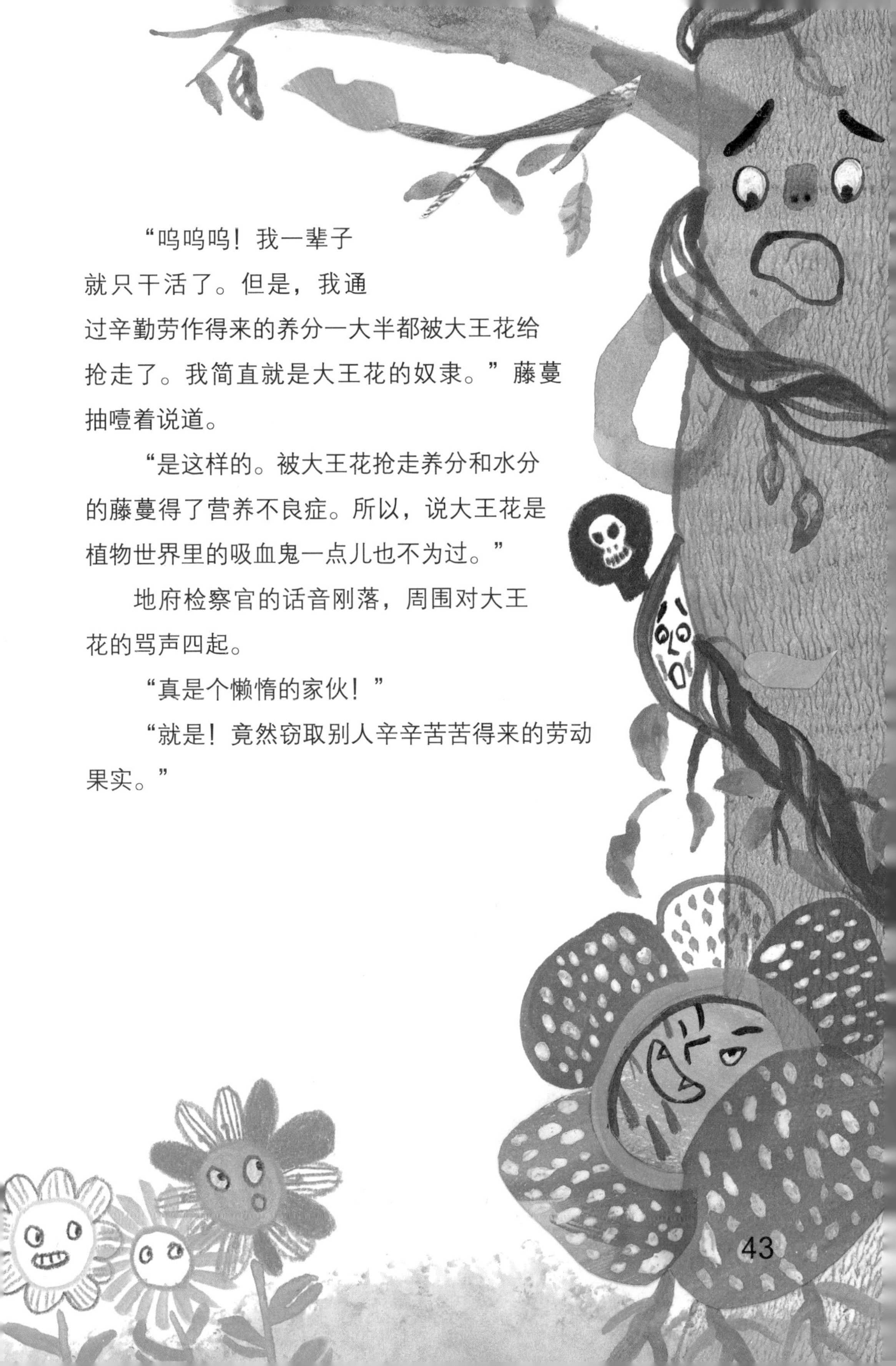

“呜呜呜！我一辈子就只干活了。但是，我通过辛勤劳作得来的养分一大半都被大王花给抢走了。我简直就是大王花的奴隶。”藤蔓抽噎着说道。

“是这样的。被大王花抢走养分和水分的藤蔓得了营养不良症。所以，说大王花是植物世界里的吸血鬼一点儿也不为过。”

地府检察官的话音刚落，周围对大王花的骂声四起。

“真是个懒惰的家伙！”

“就是！竟然窃取别人辛辛苦苦得来的劳动果实。”

突然，大王花浑身发抖，大喊了起来："我天生就是这个样子，我能怎么办啊？有谁愿意那样活着啊？而且，你们为什么只说我是坏蛋呢？我太冤枉了！"

"你说你冤枉？你倒说说你有什么可喊冤的啊。"地府判官给了大王花为自己辩解的机会。

"藤蔓可是缠着别的植物，爬到别的植物上寄居的。那难道就没有给别的植物带来损害吗？据我所知，藤蔓不知廉耻地把自己的叶子养得特别茂盛，导致其他植物照射不到阳光而最终死去。"

爬山虎一听站起来说："那只不过是偶尔发生的事故罢了。我们不像大王花那样抢夺别的植物的养分。我们只不过是接受别的植物的帮助而已。"

"好了！安静，安静！现在第一次审判结束。大王花的罪责将在第二次审判的时候判决。"

当！当！当！第一次审判就这样结束了。不过，大王花在第二次审判中会得到什么样的判决呢？

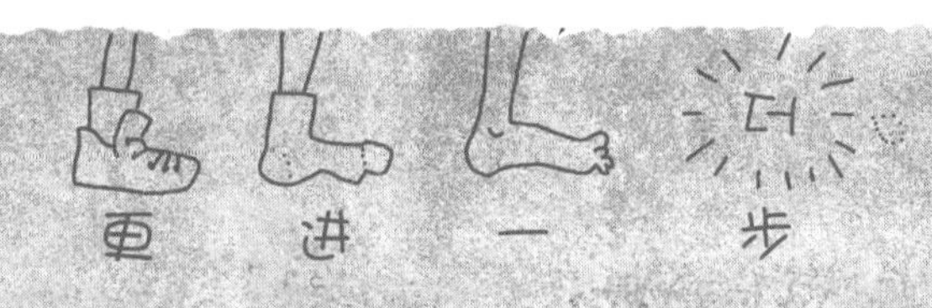

小偷植物？寄生植物！

植物里面有一些是靠寄附在别的植物上生存的。这些植物自己不制造养分，而是偷取别的植物的养分。这样的植物就被称为寄生植物。

寄生植物中有像槲寄生、菟丝一样寄生在植物的茎上的，也有像野菰、水晶兰、大王花一样寄生在植物的根上的。对这些寄生植物来说，阳光并不是必不可少的，所以它们大部分生活在阴凉处。

寄附在其他植物茎上的菟丝

寄附在树干上的槲寄生

寄附在其他植物上的藤蔓是寄生植物吗？

你知道密林王子泰山从一棵树上跳到另一棵树上的时候利用的绳子是什么吗？正是拧得像绳子一样的藤蔓。

藤蔓是在其他树上发芽，把根扎到地上的植物。但是，藤蔓不像寄生植物那样抢夺其他植物的养分，而是自己制造养分生长。像这样不给别的植物带来危害，只是依附在别的植物身上的植物被称为附生植物。因此，并非寄附在其他植物上的植物都是寄生植物。

世界上最大的花是最厚颜无耻的花

世界上最大的花是直径达 100 厘米的大王花。这种花可以在东南亚加里曼丹岛或苏门答腊岛上看到。大王花没有叶和茎，寄附在藤蔓植物上生存。大王花散发出腐败气味来引诱苍蝇。

大王花真是厚颜无耻，它靠抢夺其他植物的养分为食，通过这种方式还养出了世界上最大的花朵。大王花足足有 8 千克重呢。

大王花

看起来像花瓣的东西其实是花萼，别被骗哦。

植物吉尼斯纪录

1. 世界上最大的树：生长在美国加利福尼亚的巨杉。树高超过 80 米，可以存活 2000 年。

2. 世界上最重的树：重量达 6000 吨的巨杉。如果想把这棵树运走，需要 2000 辆 3 吨级的卡车。

3. 世界上最小的树：北方柳树。树高不过几厘米，树干像铅笔芯一样纤细，生长在北极冰雪覆盖的岩石缝里。

4. 世界上最小的花：生长在巴西的浮萍的花。花的宽度只有 1 毫米。

5. 世界上生长最快的植物：竹子。一天最多可以长 90 厘米。

6. 世界上最大的叶子：非洲的利比亚椰子树的叶子长达 25 米，非洲人用这种叶子编制筐子、草席和帽子等。

7. 最早进行宇宙旅行的植物：拟南芥。乘坐 1982 年苏联发射的“礼炮 7 号”飞进了太空。

8. 世界上最大的花?

9. 世界上年轮最多的树?

※8 和 9 的答案请各位亲自找一找吧。答案就在这本书里面。

拟南芥

8. 牵牛花为什么缠绕着往上爬

牵牛花鬼和黄瓜鬼

太阳火辣辣地照着大地，澈儿和民秀在空场上玩起了比刀的游戏。

“咔！咔！”

“啪！啪！”

就像在用真的刀打架一样，澈儿和民秀一边舞动着身子一边嘴里模仿着刀碰撞在一起的声音。可是，过了没多久民秀就一屁股坐在了地上。“唉！又没有刀，真没意思。一点儿也不带劲嘛！”

“就是，哪怕是用棍子之类的当刀才有意思啊。”

澈儿也点着头说自己和民秀想法一样。于是两个孩子一起四处张望要找个合适的道具。他们找啊找啊，目光停在了英儿奶奶的菜园子前。菜园子里面立着好多杆子，黄瓜和牵牛花正缠绕在上面生长着。

“哇！就是它了！”

两个孩子马上跑了过去，每人拔了一根杆子。俩人玩比刀游戏一直玩到天黑。

那天夜里，澈儿做了一个可怕的梦。牵牛花鬼和黄瓜鬼出现在了澈儿的梦里。

“哼！是你拔了我们的腿玩比刀的游戏了吧？”

“哼！我们也要用你的腿玩比刀游戏，赶快把你的腿给我们！”

两个鬼恶狠狠地盯着澈儿说道。

“我，我，我，没有拿你们的腿玩比刀啊！我是拿杆子玩来着。所以，你们不能拿走我的腿啊。”澈儿浑身发抖结结巴巴地说。

“哼！看来你是不知道啊，那根杆子正是我们的腿。那可是英儿的奶奶为了让我们结结实实地生长特意为我们插上的杆子。”

“像我们这样的藤蔓植物，茎既细弱又没有力气，所以不能立起来。我们只能依附在别的植物的茎上或者杆子上。不是你把我们依附的杆子给拿走了吗？”

牵牛花鬼和黄瓜鬼你一句我一句地说。然后，两个鬼异口同声地说：“好了！现在我们可以拿走你的腿了吧？我们也要用你的腿玩比刀游戏。”

“不可以！不可以啊！”

天已经亮了。澈儿挣扎着从梦里醒了过来。被吓坏了的澈儿满头都是冷汗。

澈儿一下子爬起来，朝昨天白天去玩的空场跑了去。民秀也气喘吁吁地往空场跑来。两个孩子互相看了一眼。

“你也……”

“那，你也……”

两个孩子争先把扔在地上的杆子捡了起来，然后跑到菜园子里把昨天拔出来的杆子插回了原地。

“牵牛花啊！黄瓜啊！昨天真的太对不起了。请你们原谅我们吧！”

两个孩子对牵牛花和黄瓜真心地道了歉。所以啊，牵牛花鬼和黄瓜鬼以后不会再出现在澈儿和民秀的梦里了吧？

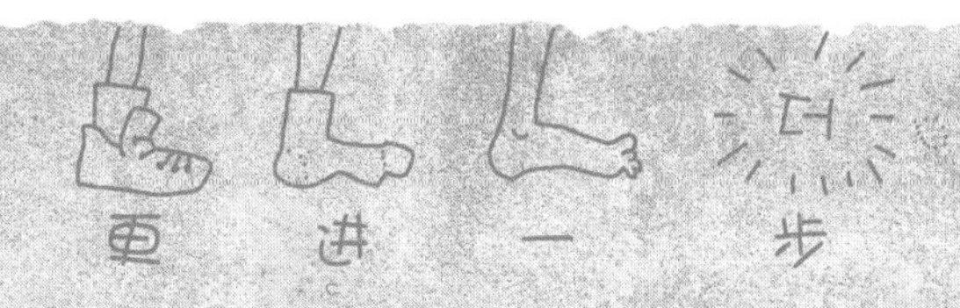

牵牛花为什么喜欢往上爬?

牵牛花的茎又细又纤弱，所以不能自己把茎立起来。于是，牵牛花需要依附在周围其他的植物或杆子上，缠绕着往上爬。因为如果不这样的话，牵牛花就会因为晒不到太阳而死去。

像这样不能自己把茎立起来的植物被称为藤蔓植物。像野蔷薇似的稍稍依附在其他植物上，或者像爬山虎似的靠吸盘吸附在墙上的植物都属于藤蔓植物。

牵牛花

植物也有手

牵牛花的攀缘茎

牵牛花的手就是它的茎。牵牛花的茎上长着白色的毛，不光滑，所以可以缠绕着支撑体往上爬。这样的茎被称为攀缘茎。葛藤、忍冬藤等也是像牵牛花一样用茎缠绕着支撑体生长的植物。

黄瓜的卷须

与此相反，还有像南瓜、黄瓜、葡萄一样用卷须往上爬 的植物。卷须是植物的叶子或茎的一部分变化而成的，就像手一样可以握紧东西。卷须发现合适的支撑体之后就会像弹簧似的缠在那个物体上往上爬，然后往上拉自己的茎。

左撇子藤蔓植物，右撇子藤蔓植物

每种藤蔓植物缠绕的方向都不一样。从上面往下看，忍冬藤、穿山龙等植物是按照顺时针方向缠绕；牵牛花、旋花、葛藤则是按照逆时针方向缠绕。按照顺时针方向缠绕的叫作“右缠绕”，按照逆时针方向缠绕的叫作“左缠绕”。还有一种情况，像沙参、葎草等没有一定的方向，往两边缠绕。

路过藤蔓植物的时候，别心不在焉地走过去，停下来观察一下它是按照什么方向缠绕的，怎么样?

忍冬藤

旋花

植物也有感情

植物不能像人类一样出声说话或者哭笑。但是，植物肯定也有喜怒哀乐。所以人们在种植鲜花的花园里会特意给花儿们听旋律优美的音乐。听着音乐长大的花比起那些不听音乐长大的花更美丽、更鲜艳。看来，植物们也是喜欢旋律优美的音乐的。

这样的消息流传开以后，给谷物和果树播放音乐听的农夫们也逐渐多起来。

植物很清楚自己是否被人类疼爱。所以，即使是一样给植物浇水施肥，如果每次都对植物说一些充满爱意的话语，植物会长得更加茁壮。所以啊，认为植物不会说话就可以随便折、随便对待的想法是不对的！让我们努力成为带给植物幸福的人吧！

9. 年轮的故事

如何知道银杏树的年龄

“在这个地球上有比我年纪大的植物的话，请站出来让我瞧瞧！”银杏树夸海口说道。已经 30 多岁的红松就站在他旁边呢。

实在看不下去了的小麻雀对红松嘀咕道：“阿姨，那银杏树也太不知天高地厚了。您去教训一下他吧！”

红松呵呵笑着在小麻雀耳边说：“银杏树说的是真的。在地球上生存最久的植物就是银杏树。据说在恐龙生存过的中生代，到处都是银杏树呢。”

“什么？银杏树的家族有那么悠久的历史了吗？”小麻雀感到非常吃惊。

接下来，银杏树又开始自吹自擂起来。

“我们家族里有很多树很有名气呢。其中，最有名气的要数龙门寺里的银杏树了。那棵树已经 1200 多岁了。怎么样？了不得吧？”

“已经 1200 多岁了？那是真的吗，松树阿姨？”小麻雀难以置信地问红松。

“是真的。那棵银杏树高达 60 多米，是咱们东方最大的树。”

可是，银杏树对松树阿姨很没礼貌地说道：“所以啊，阿姨，你也得对我恭敬一些才行啊。”

“你说什么？你这个家伙，也太没有礼貌了。”松树阿姨一下子怒了。

“尽管你家族的历史很悠久，但是你可还只是个小孩子呢。你看起来说不定还没满 10 岁呢。”

“不是的，我已经 20 岁了。”

银杏树硬说自己已经 20 岁了。就在这个时候，天上开始打起了雷，雨季来临了。

第二天，经过了一场暴风雨的洗礼，周围都静悄悄的。

“哎呀！银杏树倒下了！又说谎，又没有礼貌，看来是老天惩罚他了。”小麻雀惊慌地喊着。松树阿姨低头一看，银杏树折断了腰倒在地上。

“啧啧！没能抵挡住暴风雨所以死了。才 7 岁而已。唉！太可怜了……”

松树阿姨对银杏树的死觉得非常惋惜。

不过，真的很神奇吧？松树阿姨究竟是怎么知道银杏树年龄的呢？

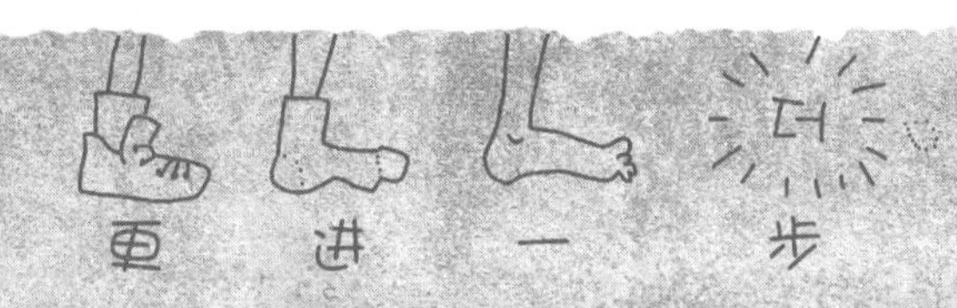

松树是怎么知道银杏树年龄的？

你见过锯断了的树干吗？如果你仔细观察锯断的树干的表面，你会发现上面画着好多圆圈，这些圆圈是每过一年才会长出一个来的。所以，可以通过数这些圆圈的个数知道树的年龄。这些可以告诉我们树的年龄的圆圈被称为“年轮”。每增加一个年轮，树就会长大一岁，也会粗一圈。年轮也是区别树和草的标准。因为，草上是不长年轮的。

年轮是怎么长出来的？

每个季节的天气和温度都不一样，因此生成了年轮。

栓皮栎年轮

春夏之际天气暖和，树木茂盛地生长，树木的细胞也膨胀开来。但是，到了秋季天气转冷，树木的生长速度就慢了下来，树木的细胞也收缩变小。这些都是通过树干里面浅颜色的部分和深颜色的部分画圆体现出来的。正是这两个部分组成了一个年轮。因此，比起冬季来，夏季里长成的年轮更粗一些。而且，因为树木年轮的形成是和季节的变换相关联的，所以生长在一年四季恒温地区的树木是不长年轮的。

10. 常青树为什么一直都是绿色的

四季常青的松树

正是寒风凛冽的冬天。天气冷得就连喜欢冬天的喜鹊都躲在巢里一动不动。

“要是能戴条围巾的话还能稍微暖和一点儿。”杏树看见人们穿着厚厚的外套，围着围巾，戴着帽子，羡慕地嘟囔道。

樱花树觉得不可理喻地说：“你也真是的，这有什么好羡慕的。我倒是羡慕松树。你看他长满了绿色的叶子，肯定一点儿也不冷。咱们去问问他有什么秘诀吧！”

杏树和樱花树去找松树了。

“你怎么会一年四季树叶都是绿的呢？”樱花树好奇地问。

“你们仔细观察观察。我的叶子虽然很厚实，但是又像针一样细，而且，上面覆盖着松脂，就像涂了一层油似的，所以我的叶子才能抵抗严寒啊。我的叶绿素也不会遭到破坏，一年四季就可以常绿了。”松树亲切地解释道。

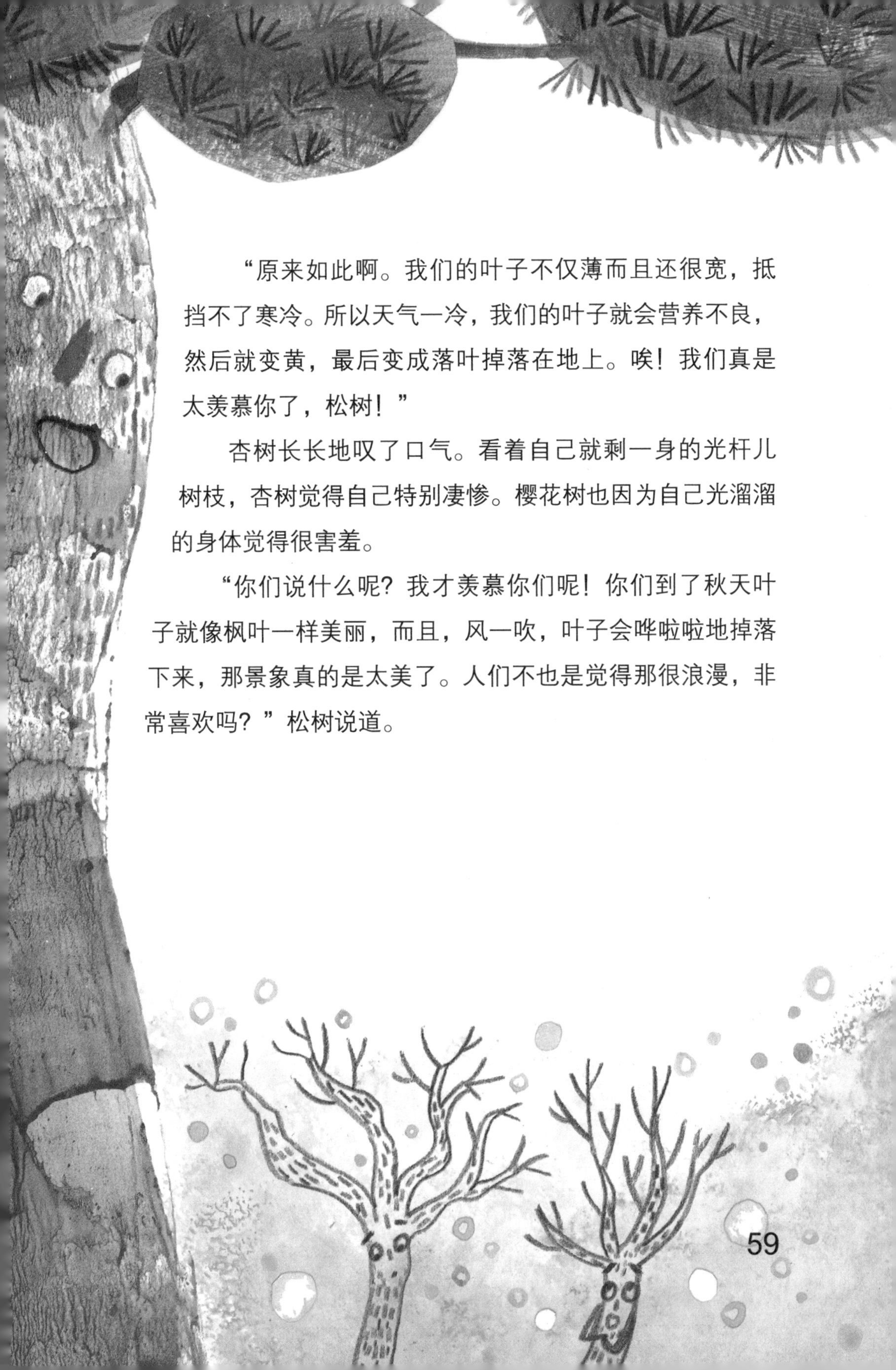

“原来如此啊。我们的叶子不仅薄而且还很宽，抵挡不了寒冷。所以天气一冷，我们的叶子就会营养不良，然后就变黄，最后变成落叶掉落在地上。唉！我们真是太羡慕你了，松树！”

杏树长长地叹了口气。看着自己就剩一身的光杆儿树枝，杏树觉得自己特别凄惨。樱花树也因为自己光溜溜的身体觉得很害羞。

“你们说什么呢？我才羡慕你们呢！你们到了秋天叶子就像枫叶一样美丽，而且，风一吹，叶子会哗啦啦地掉落下来，那景象真的是太美了。人们不也是觉得那很浪漫，非常喜欢吗？”松树说道。

一直在旁边听树们说话的喜鹊插了进来，说：“对啊！如果世界上只有常青树的话一定没有现在这么美丽。有你们这些落叶树，这世界才能更美丽呢！“

就在这个时候，一阵寒风袭面而来。

“啊！好冷啊！”挂满绿叶的松树瑟瑟发抖，把身子缩了起来。

“怎么？你也怕冷？”杏树和樱花树吃惊地问。

“当然，我可没有什么特别之处。可能我会比你们稍微抗冷些，但是对于我们松树来说，冬天也是一样的寒冷。啊！春天能快些来就好了。”

“我也这么想。”

“我也是。”

“我也是。”

听了松树的话，杏树、樱花树和喜鹊都开始祈祷春天能快些到来。

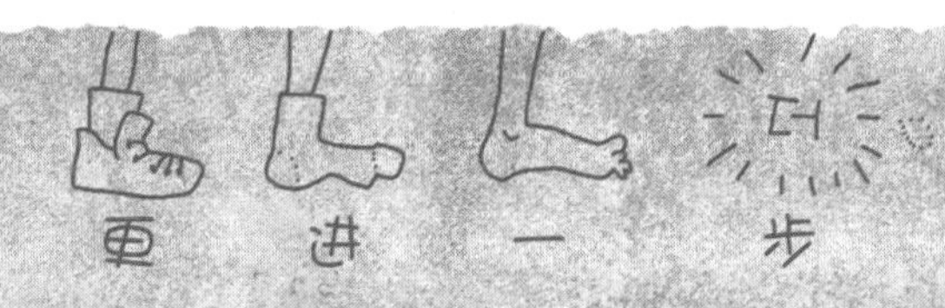

四季常青的常青树

所谓的常青树就是在寒冷的冬季里树叶也是绿色的树。既有像山茶树一样长着宽叶子的常青树，也有像松树、冷杉一样长着如针似的叶子的常青树。叶子宽的常青树生长在温暖的地方，叶子尖细的常青树生长在寒冷的地方。

山茶树

松树

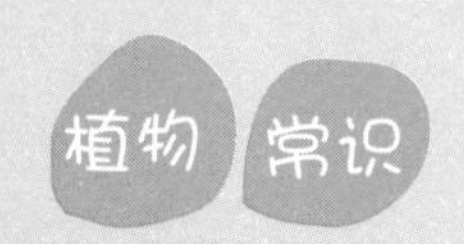

常青树也会更换旧衣裳

常青树保持着一身绿叶过冬。但是，常青树并不是一点儿叶子也不掉的。与季节无关，时间久了的叶子会变得干黄后落下来。一般在嫩芽长出来的时候，很多时间久了的叶子就会掉下来。

给国王当家的松树

要盖坚固的建筑，首选木材便是松树。松树不会翘棱，又因为有松脂所以耐潮湿。而且，也不招蛀虫。因此，古时候国王住的宫殿都用松树建造。立在村口守卫村子的长生柱也必须得用松树做成。

用松树建成的韩国的庆会楼

因此，韩国语中对松树的命名也是包含着“众树之首领”的含义。

在野外观察树木的方法

1. 本子和彩色铅笔是必备的。这样才能及时记录下自己好奇的事情，也能把自己喜欢的植物画在本子上。

2. 随身带一本植物图鉴。可以当场查找到自己不知道的知识。

3. 带上放大镜。一来可以仔细观察花朵的雌蕊和雄蕊，二来可以仔细观察像桦树种子一样微小的植物的种子。

4. 把卷尺和直尺放进书包里。用它们来测量树的周长和叶子的长度可是件非常有趣的事情。

5. 带塑料袋去采集叶子和种子。回家以后，把在野外采集到的叶子和种子放在纸袋里，这样才不会有湿气。

6. 准备好照相机。每当季节变换的时候给想观察的树木拍张照片吧。通过拍下的照片观察树木是怎么变化的，岂不是很有意思?

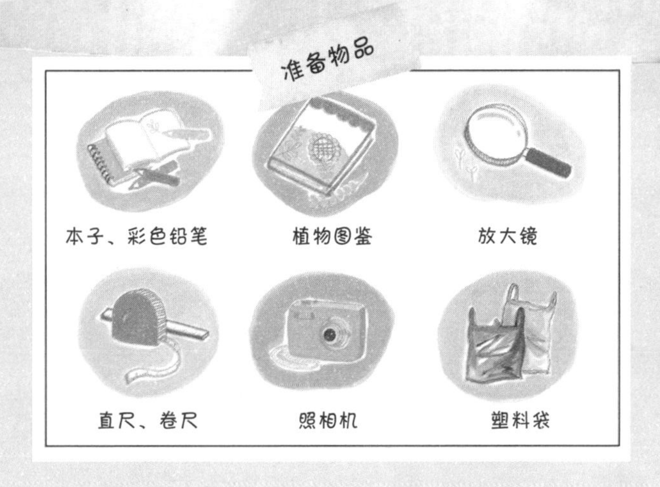

11. 树叶为什么会染色

传达秋天到来的消息的枫树

最早传达春天到来的消息的是迎春花、杜鹃之类的花儿们。那么，是什么最早传达秋天到来的消息的呢？对了，正是我这样的枫树啊！

春天的消息是从暖和的南方开始传向北方的，但是秋天的消息可正好相反。从北方又冷又深远的山村开始，枫叶的消息向南方传播开来。

哦？那儿！住在公寓里的孩子们正在来我们公园玩儿的路上呢。让我来听听他们在谈论什么吧。

“哇，红色的枫叶！秋天到了。我要把枫叶捡起来带回家夹进书里做书签。”一头短发的小姑娘满面笑容，看起来非常高兴。咦？她歪着脑袋好像还在嘟囔着什么。

“可是，为什么枫叶只有在秋天的时候才会染色呢？”

“那是因为枫叶整个夏天都晒在太阳底下晒黑了。就跟人一样。”头发剃得很短的一个小男孩说道。也不知道他在外面怎么疯玩儿的，一张小脸被太阳晒得黝黑。

“对！”那个一头短发的小姑娘马上点头表示赞成。

但是，一个剪着蘑菇头的小姑娘摇头说：“不是的。那不可能。如果说是因为在太阳底下晒太久了晒成了红色，那银杏树的叶子怎么会变成黄色的呢？还有，松柏不是一年四季都是绿色的吗？”

“哦，还真是啊。”哈哈哈，那个一头短发的小姑娘又马上点起了头。刚才那个头发剃得很短的小男孩脸变得通红，不住地挠着脑袋。

接下来，一个戴着圆框眼镜的小男孩像老师一样说道：“唉，不要想得那么复杂嘛。就好像人有个高的，有胖的，有黑皮肤的，还有白皮肤的一样，树木也是各有各的特点嘛。你们想想看，如果所有的树都是一样的颜色，长成一个模样，那该多没有意思啊?还有，要是花也都是一个颜色的话呢?”

“对！对！你说得对！”哈哈哈，那个一头短发的小姑娘这次又马上点起了头。然后，她蹦蹦跳跳地说道：“朋友们，那边波斯菊都开花了，咱们去看看吧！”

紧接着，跟在后面的孩子们便一股脑儿跟着跑了过去。

可是，枫叶为什么只在秋天变成红色呢?

听好了啊。秋天里气温下降，太阳照射的时间是不是也变短了啊?像这样天气变冷的话，树叶里面的红色素就会变多的。就是红色素让树叶变成了红色的。

所以啊，我们枫树就会从最先变冷的北方开始向南方传递秋天到来的消息啊。

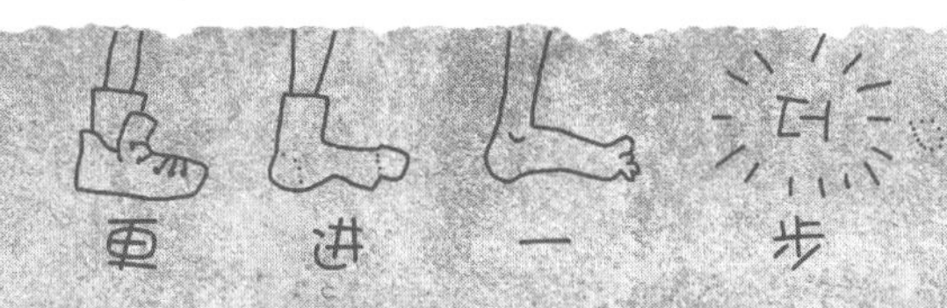

制作植物相册

1. 首先得采集植物吧？一个种类的植物各采一两个就足够了。

2. 把采集到的植物漂亮地晾干。把花或叶子夹在厚厚的书里面，再在上边压上沉东西就可以了。

3. 一个月以后，把干了的植物拿出来，用胶布贴在纸上。

4. 写下植物的名字、发现的时间和地点。

5. 把贴好植物的纸塑封起来，在旁边打上洞，用环穿起来就可以了。

好了，漂亮的植物相册完成了！

制作一本像芍药花那么漂亮的花的相册吧！

像孩子的脸一般纯洁的芍药花

树叶为什么会在秋天染色？

树叶之所以是绿色的是因为里面有一种叫作叶绿素的绿色色素。但是，叶绿素十分不抗冻，在凉飕飕的秋天来临之际叶绿素就死了。所以，叶子就失去绿色了。但是，树叶本来除了叶绿素以外还带有别的色素，就是被称为类胡萝卜素或叶黄素的色素。这种色素在春季和夏季里安静地藏着，等叶绿素消退以后就尽情地展现自己的颜色。因此，到了秋季树叶就会变成红色或者黄色的了。

枫树

秋天之所以美丽正是因为有枫叶的存在啊。

被枫叶染红的山

故事里出现的树林里的英雄们

你听说过朝鲜时代的义贼林巨正的故事吗？义贼就是“正义的盗贼”的意思。林巨正从来不会对欺压百姓的坏官吏、地主坐视不管。所以，他躲进树林里生活，教训那些欺压百姓的坏官，劫富济民。因此，大家管他叫义贼。

在英国也有像林巨正一样的义贼，那就是罗宾汉。罗宾汉住在树林里，教训那些坏官吏，把坏官吏的钱财抢来分给苦难的人们。

密林的王子泰山也是不能不提的树林里的英雄。和被遗弃在密林里的猴子一起长大的泰山比任何人都热爱、珍惜密林，所以泰山经常教训那些破坏密林、折磨动物的坏人。

除了这些故事以外，树林里还隐藏着很多有趣又美丽动人的故事呢。

罗宾汉

12. 什么树适合做林荫树

城市的环境美容师——法国梧桐

从乡下飞来的啄木鸟正在城市的上空飞翔着。啄木鸟眉头紧蹙，不停地嘟囔着："白来了，真是白来了！"

究竟是什么事情让啄木鸟那么不满意呢?

"咳咳！城市里的空气真不好！都不能呼吸了！要不是为了你，我才不会来城市里呢。"

一到好朋友鸽子的家里，啄木鸟就不停地嘟囔着说。啄木鸟早晨用吹风机吹得帅帅的立起来的刘海儿已经被灰尘弄乱了。

“怎么会呢？城市里每条街都有环境美容师在辛勤地工作呢。”

“什么？那你是觉得我在找碴吗？”啄木鸟一下子发火了。

鸽子这才歪着脑袋说：“怎么回事啊？难道是城市美容师们出什么问题了吗？”

“能出什么问题啊？因为天气太热了，他一定是躲在哪儿偷懒呢。那环境美容师是谁啊？我要去找到他，用我的嘴巴教训他。”

“嗯，是法国梧桐。也叫悬铃木。”

听了鸽子的回答，啄木鸟哈哈大笑起来。“什么？你说的是那斑斑点点的掉皮掉成银白色的树吗？就好像是没吃好所以浑身长癣似的。哈哈哈，那种脏兮兮的树能有什么用啊？”

“事情不是那样的。哪儿还有像法国梧桐一样能把城市里被污染了的空气净化干净的树啊？ 也没有像法国梧桐一样能作为林荫树把城市装扮得那么漂亮的树呢。上次去周游世界的时候我也仔细观察过，其他很多国家都种着法国梧桐呢。”

鸽子嫌啄木鸟不知道实情，袒护着法国梧桐。

“哼！那，为什么城市的空气这么差呢？” 啄木鸟反问道。

“这个嘛……，我觉得可能是法国梧桐生病了。”

鸽子和啄木鸟为了搞清楚事实一起去找法国梧桐了。可是，本该是绿色的法国梧桐的叶子却变黄了，有的还甚至几乎成了透明的，透着光。

“你这是怎么了啊？”鸽子和啄木鸟吃惊地问。

“我恐怕以后再也不能做城市的环境美容师了。都怪从美国来的害虫。那些害虫这么折腾我的叶子，我又拿它们没有办法。叶子虽然是利用阳光制造养分，但是它们同时也吸收城市里脏的空气啊。”

“你的病一定能治好的。我现在就去帮你找医生。”鸽子飞去找医生了。

啄木鸟对伤心的法国梧桐说：“我会好好照顾你的。”然后，啄木鸟就开始用尖利的嘴巴啄起害虫来了。

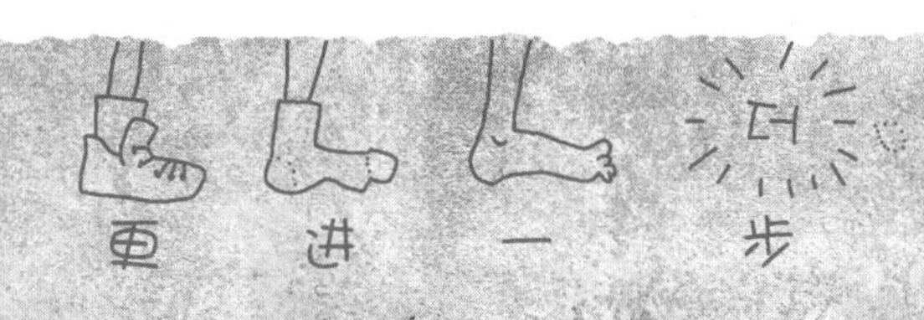

林荫树之王法国梧桐

法国梧桐通过树叶为我们传送干净的空气。法国梧桐就像真空吸尘器似的会把污染空气的脏物质吸收掉，净化城市里的空气。不仅如此呢！夏天的时候，法国梧桐还能为我们制造大片的阴凉。法国梧桐每年长高 2 米左右，完全长大的法国梧桐能超过 40 米。而且，即使是在不好的土地上，法国梧桐也能很好地扎根生长。所以啊，难道还有比法国梧桐更合适做林荫树的树吗？

法国梧桐林荫道

植物常识

不是什么树都能当林荫树

要想成为把城市装点成绿色的林荫树，需要符合下面三个条件：

第一，必须是能制造茂密宽阔的阴凉的树。要满足这一点，树要大，还要长着很多树枝和树叶。

第二，必须是在空气不好的城市里面也能茂盛生长的树。生长缓慢的树受到车辆的噪音和公害一类的压力，在还没长大以前就会死掉的。

第三，必须是不容易得病的健康的树。只有这样才能把高楼耸立的城市装点成充满绿色的、富有魅力的地方。

椰子树林荫道

值得在植树节种的好树

植树节的时候反正大家都要种树，那如果种一些对我们的生活有帮助的树岂不是更好吗?

在山上可以种松树、杉树、枞树、榉树、泡桐、栎树等。这些树质量好又结实，长大以后可以用来做家具或者盖楼房。榉树、杉树、泡桐等还可以用来制作乐器。

在农田和坝上种植桤木，怎么样? 以前，农民伯伯们把桤木的树枝切得很细，用作农田里的肥料呢。即使是在贫瘠的土地上，桤木也能生长得很好。不仅如此，桤木还能使土地变得更加肥沃。同时，桤木还有坚固堤坝的作用，可以减少洪水的危害。

13. 菊花为什么只在秋天开

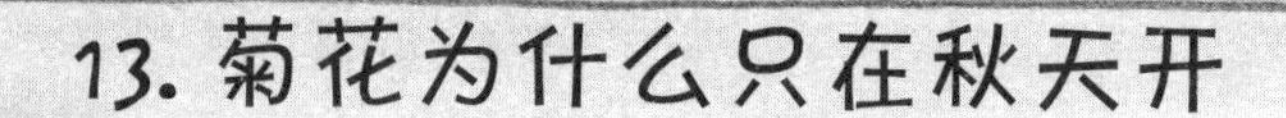

麻雀通讯员见到的菊花

大家好，我是麻雀广播站的记者杰顺。坐在这根电线上俯瞰，可以看到下面一块小田地。那块田地看起来真是亲切啊。就是在这里我们接到了一个请求，让我们调查清楚一件奇怪的事情。至于那到底是什么奇怪的事情，我将会亲自去听一听。

最先看见的是以自己的高个子为荣的玉米。我和他打个招呼。

“你好！”

“你好！欢迎你！你看我开的花怎么样？”

仔细一看，还真是呢，玉米正开着花呢。通常被称为“玉米须”的东西其实是玉米的花。

你说什么？你问怎么能把长得像老爷爷的胡子似的东西称为花？

“这个嘛，我来回答吧。并不是所有的花都是华丽鲜亮的，也不是说必须要漂亮才能被称为花。松树也跟我一样，根本就没有花瓣。”

“不过，玉米先生，您应该很快就要结果了吧？到时候尝一两个您的果实可以吗？”

“……”

啧，反应很冷淡嘛。那接下来我要采访一下黄瓜和西红柿了。

“哎哟，你好！黄色的花真是小巧玲珑啊。而且，也三三两两地挂着果实呢。”

“我们的身体已经成熟了，所以也应该开花结果了啊。可是，你看看那菊花。我们都已经开花了，菊花连花芽还没有。真的很好奇是怎么回事呢。”

“花……芽？那是什么东西？”

“哎哟，真是的，记者先生，看来您不知道啊。花芽就是开花的位置。”

这么一看，还真是奇怪啊。春天已经过去了，夏天都已经来临了，为什么菊花还不开花呢？下面我要充当不能动的黄瓜、西红柿和玉米的翅膀，飞去问问菊花。请稍等一下。

“您到现在都不开花的原因是什么呢？您已经成熟到可以开花的程度了，可是为什么连花芽还没有呢？”

“因为我是只在秋季开花的植物啊。”

“是不是因为你太懒了啊？”

“看来你真不懂！玉米、黄瓜和西红柿一类的植物只要温度适宜就会自然而然地长出花芽，我和他们不同。我需要特别的环境。”

“什么特别的环境啊？”

“简单来说，就是需要黑夜比白天的时间更长。春天，特别是夏天的时候黑夜很短白天很长。请别再问我别的问题了。实在太热了我连说话都很吃力。”

原来是这样的啊。因为夏天黑夜太短，所以菊花才不开花的。就这样，麻雀广播站记者杰顺破解了菊花的秘密。

这里是麻雀广播站！报道到此为止！

“唧唧唧！”

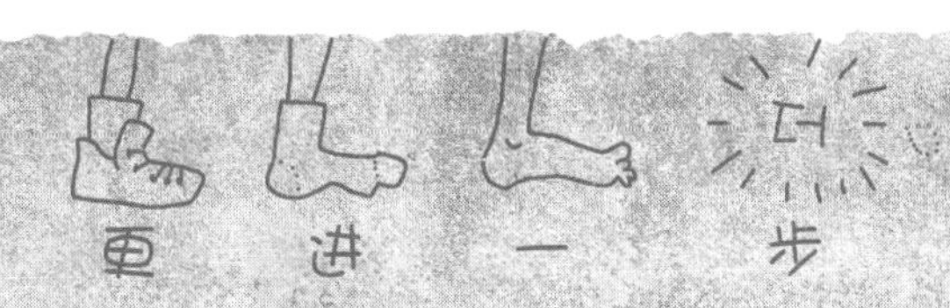

吹了凉爽的秋风，菊花才开花

菊花一天接受太阳照射的时间超过14个小时的话就不会开花。所以，菊花只在夜晚比白天长的秋天里开花。像菊花这样白昼的时间短才能开花的植物叫作短日照植物。波斯菊、大豆、水稻都是短日照植物。

秋季里的花中之花——菊花

喜欢春天的春花，喜欢夏天的夏花

在春季或夏季里开花的植物一天至少要接受10~12个小时以上的阳光照射。这种植物叫作长日照植物。长日照植物指的就是那些白昼时间长才能开花的植物。

荷包牡丹（春）

植物们都只会在适合各自的环境里面开花。所谓的合适的环境，就是适当的昼夜长度和气温。因此，花儿们会在昼夜长短和气温最适当的季节里绽开。

黄花菜（夏）

察氏菊（秋）

春天、夏天、秋天、冬天里开的花

报春花（冬）

春：荷包牡丹、献岁菊、兰花

夏：黄花菜、野凤仙花

秋：察氏菊、龙胆、紫菀

冬：梅花、山茶花、报春花

植物的根有多长

稻子和大麦之类的一年生植物的根不粗，而是由很多须根构成的。如果把这些须根拉成一条线的话，会有多长呢？

小麦的须根有 70 千米，黑麦的须根可达 600 千米长。

那么，高大的树木呢？尽管每种树的情况不一样，但是大致上树的根在地下延伸的程度和它的树枝伸展的程度是相近的。扎在地底下的根得能担负起上面的重量，树才不会倒。

树的根得长成这样才能保证在暴风雨中屹立不倒。

14. 植物怎么过冬

请给树做件过冬的衣裳吧

兔子是入冬以来第一次从洞穴里出来到外面来。寒风像冰刀似的嗖嗖直吹。

“哎哟！要等到春天还要等两个月呢。明年得再养胖一些才好啊，那样的话就不怕过寒冬了。”

兔子像是要把寒气从身上抖掉一样抖了抖身子。兔子一边抬头看冬天的天空，一边伸了个大大的懒腰。突然，光秃秃的树枝映入了兔子的眼帘。

“哎哟，这么冷的冬天里树枝上一片叶子都没有啊。槲栎，你到底打算怎么过冬呢？”兔子吃了一惊大声喊道。但是，槲栎却没有什么反应。

“天太冷了，树都冻僵了，所以既听不见也不能说话了吧。太可怜了，怎么办是好呢？”

兔子很同情槲栎，觉得槲栎看起来好像快要被冻死了。

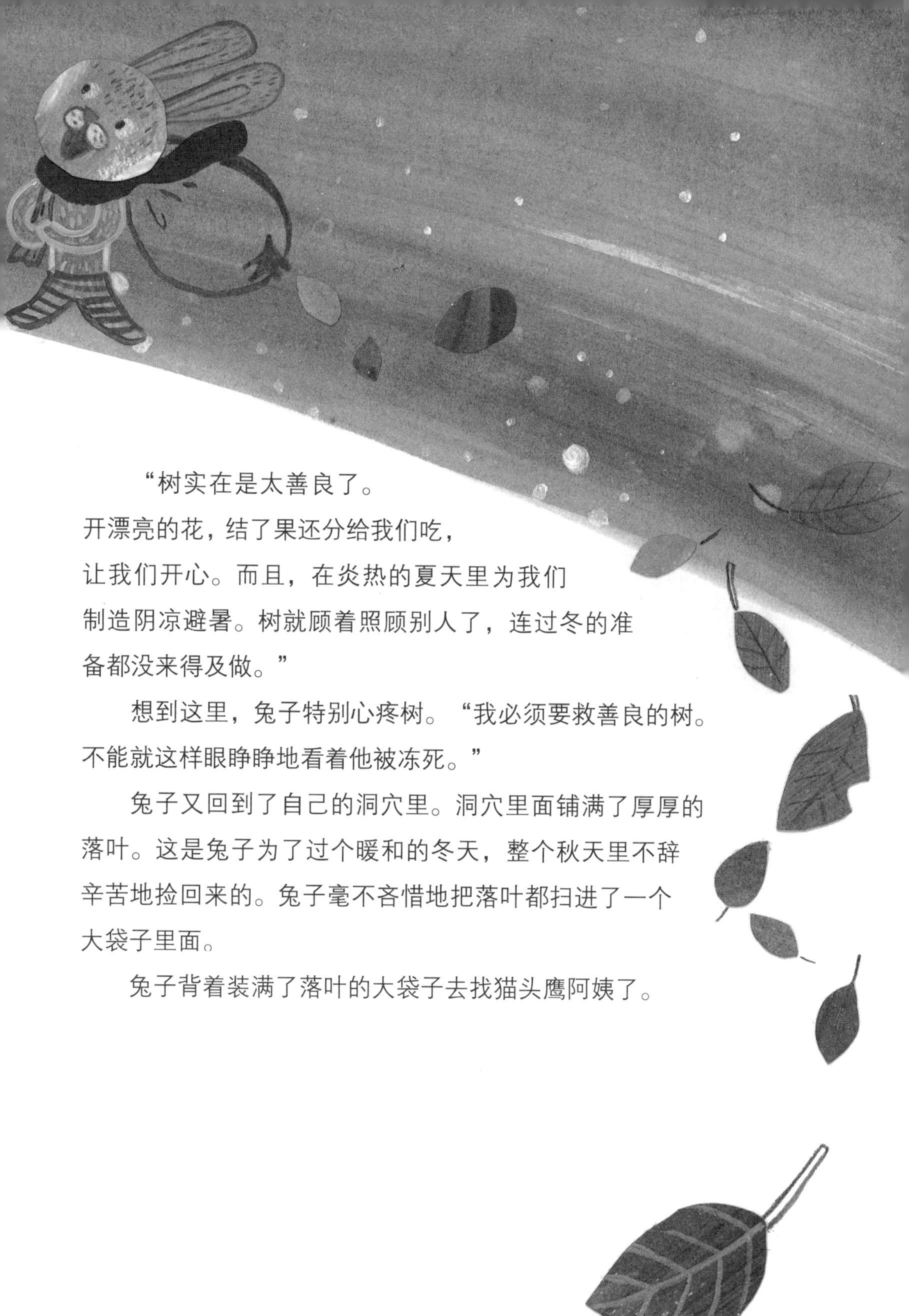

“树实在是太善良了。
开漂亮的花，结了果还分给我们吃，
让我们开心。而且，在炎热的夏天里为我们
制造阴凉避暑。树就顾着照顾别人了，连过冬的准
备都没来得及做。”

想到这里，兔子特别心疼树。“我必须要救善良的树。不能就这样眼睁睁地看着他被冻死。”

兔子又回到了自己的洞穴里。洞穴里面铺满了厚厚的落叶。这是兔子为了过个暖和的冬天，整个秋天里不辞辛苦地捡回来的。兔子毫不吝惜地把落叶都扫进了一个大袋子里面。

兔子背着装满了落叶的大袋子去找猫头鹰阿姨了。

“猫头鹰阿姨，虽然我知道您会很辛苦，但是还是拜托您把这些树叶挂到树上去吧。我虽然很想亲自去做，但是我既不能像松鼠似的在树上跳来跳去，又不像您一样会飞。”

“可是，你为什么要把这些落叶挂到树上面去呢？”听了兔子的拜托，猫头鹰阿姨觉得很奇怪，于是问道。

“因为树不像我和阿姨一样有暖和的毛啊，所以得给他做一件能让他安然度过冬天的衣裳啊。”

“呵呵呵，你真善良啊。可是，树不需要单独做冬衣啊。而且这些落叶应该是树为了过冬才抖落下来的呢。”

“什么？怎么可能呢？”兔子难以置信地瞪圆了眼睛。

“你好好观察一下掉叶子的地方，那里长出了新皮，可以保护里面不被冻到。而且，花芽和叶芽都用鳞一样的东西包裹了起来，可以很暖和地过冬呢。这和人们冬天穿上厚衣裳是一样的道理。还有啊，植物也冬眠。所以，植物在冬季里既不长叶也不开花。等到春天来了，植物从睡眠中醒来就会长叶开花了。”

“啊哈，原来是这样的啊！”

兔子听完了猫头鹰阿姨的话，使劲点了点头。

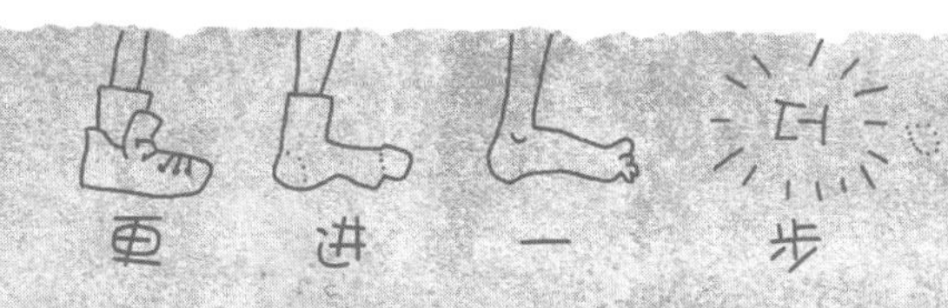

树的过冬准备

天气变冷以后，植物的根就会变得很虚弱，所以不能很好地吸收水分。这样一来，就会造成水分不足，草逐渐枯萎，树也会掉叶子。

在寒冷的冬季里，树身体里面的水也会被冻住。所以，到了冬天，大部分植物会停止活动。而且，在秋天里掉叶子的地方会长出新的厚实的树皮，可以帮助树木抵挡严寒。这就是树木过冬的方法。

树枝光秃秃的冬天里的树

冬眠的树木在春天里是怎么发芽的?

木莲冬芽

树木从初夏之际开始长好叶芽和花芽。只有这样，树木才能结束冬眠之后在春天里发芽。

花芽和叶芽也冬眠，有的像樱花树一样用坚硬的鳞盖起来，也有的像桤木一样用黏黏的脂包起来，像木莲似的盖上毛绒绒的毛过冬，或者像枫树似的钻进树枝里面过冬。过冬的叶芽和花芽统称为冬芽。

树木过冬的方法

蜀葵

树木为了对付冬季的严寒，采取了“睡眠”的方法。树木生长要消耗养分，春夏树木生长快，养分消耗也快，抗冻力也弱。到了秋天，这时白天气温高、日照强，叶子光合作用也强，而夜间气温低，树木生长缓慢，养分消耗少，积累多，于是树木便越长越“胖”，抵御寒冷的能力也越来越强。到了冬季，温度更低，树木的生长处于停滞状态，进入“冬眠”，这时体内积贮的养料也变成糖分甚至脂肪，这些都是防寒物质，能保护树木不容易受冻。

水仙花

和朋友一起玩的好玩的植物游戏

1. 和朋友一起测量一下树的高度。

准备物品：长尺、本子、铅笔

1）让朋友并排站在你要测量的树的旁边。

2）你站在离树很远的地方，伸直胳膊，用尺子测量朋友的身高和树的高度。

3）“用尺子量到的树的高度”比“用尺子量到的朋友的身高”高多少倍?

如果差5倍的话，用朋友的身高乘以5，这样就能算出树的高度了。

2. 花花绿绿，描摹树皮做卡片。

准备物品：彩色铅笔、画纸、夹子

1）在树上放上纸，然后夹上夹子。

2）用蜡笔或者彩色铅笔轻轻涂抹。这样的话，树皮上凹凸的部分就会原样出现在纸上了。越小的树描摹起来越容易。

3）把描摹好树皮的纸制作成生日卡片或圣诞节卡片寄给朋友或家人，他们一定会很高兴的。

15. 植物为什么会一直生长到死

滴溜溜跳舞的向日葵

想不想听我向日葵讲一个很久以前的故事啊？这个故事讲的真的是很遥远很遥远的以前的事情。讲的就是我们向日葵祖先出生的传说。

很久以前在一个小山村里住着一对兄弟。兄弟两人都十分喜欢太阳，所以他们两个约好了去见太阳。

可是，哥哥的贪心特别大，他想独占他爱的太阳，他不想和弟弟平分太阳。所以，哥哥渐渐地开始讨厌弟弟。他甚至希望弟弟从这个世界上消失。

天哪！哥哥竟然在夜里趁弟弟睡觉的时候杀死了弟弟。然后，哥哥自己去找太阳了。

于是，太阳一边对哥哥说，做出那么可怕的事情来的人是不配到天上来的，一边把哥哥推了下去。

“啊！我是因为太爱太阳了，所以才明知是错还犯下了罪行的……呜呜呜！”

哥哥这才醒悟到，用不正确的方法是得不到爱的，可是为时已晚了。结果，哥哥就满怀难过和自责从天上掉下来摔死了。

从那以后，奇怪的事情发生了。在哥哥掉下来摔死的地方开了一朵大的黄色的花。人们管这朵花叫向日葵。这朵花是因为一直追着太阳变化的方向而得名的。也可能是因为这个，很多花看见我们向日葵都会这么骂：“哎哟，就跟没有主心骨似的。”

但是，事实不是这样的。我们向日葵只有在长茎干的期间才追着太阳的方向旋转。太阳在东边我们就向东，太阳在西边我们就向西，太阳在南边我们就向南。但是，等我们的花蕾开放之后，情况就不一样了。如果你仔细观察就可以发现，我们向日葵开花以后会朝向东面或南面，几乎保持不动。

这样一来，又有别的花怪我们不追着太阳了："哼！还真是没有主心骨。既然真心爱太阳那就该坚持到底啊！"

唉！那是他们不知道内情。向日葵的花很重。仔细观察花朵里面吧，里面很多大大小小的小花密密地聚在一起。在中间长着葵花籽，周围围绕着大大的花瓣。向日葵花朵这么重，随意地转啊转啊，一不小心脖子会折断的。

你问我们向日葵被别的花们孤立起来是不是很难过？其实，我们向日葵的确有些寂寞。和别的花比起来，我们只是一年生植物，活够一年就会死的。

所以啊，如果我们想多靠近太阳一些，就会在活着的期间使劲地长高，还会尽情地享受高高的晴空和清爽的秋风。

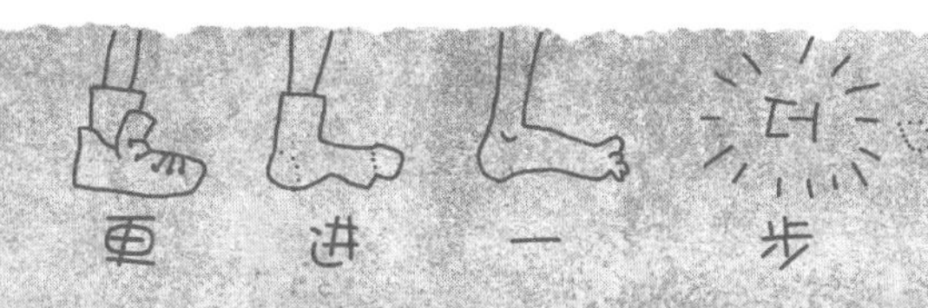

向日葵只跟着太阳转吗？

向日葵

向日葵茎的顶端无论何时都跟着太阳转，这是因为在茎的顶端长着喜爱阳光的生长点。生长点接受到阳光充足的照射，向日葵才能快快地茁壮成长。所以，看起来就好像是向日葵跟着太阳转动一样。

但是，等向日葵茎的顶端长上花蕾，花蕾绽开以后这样的转动就慢慢停止了。

向日葵花

植物老了以后也会噌噌地长个儿

所有的植物在茎的顶端和根的底端长有生长点。在生长点里有促进植物长高的激素。所以植物的茎会往上延伸，植物的根则往地底下延伸。

如果把长有生长点的植物的茎的顶端和根的底端剪掉的话，会怎么样呢？那植物的茎和根就再也不生长了。因此，植物只要生长点还在就会一直长高。所以，长有生长点的植物和发育成熟以后就不再长个儿的动物是不同的。

叶子各色各样的生长方式

请仔细地观察一下向日葵的茎。下侧的叶子是一对一对的，每对里的两片叶子互相对视。但是到了上侧，叶子就交互错开地长出来。那么，向日葵的叶子为什么会长成这个样子呢？这是为了让所有的叶子都能均匀地被太阳照到。

夹竹桃的叶子

石竹的叶子也是两两一对，每对叶子左右并排。郁金香的叶子则是交互错开的。银杏树呢？银杏树的叶子是一簇簇地长出来的。夹竹桃则是三片以上的叶子聚在一起长出来的。

所有的植物都为了自己的叶子能均匀地接受到阳光的照射而选择适合自己的叶子生长的方式。所以，每种植物的叶子长出来的样子也就不同了。

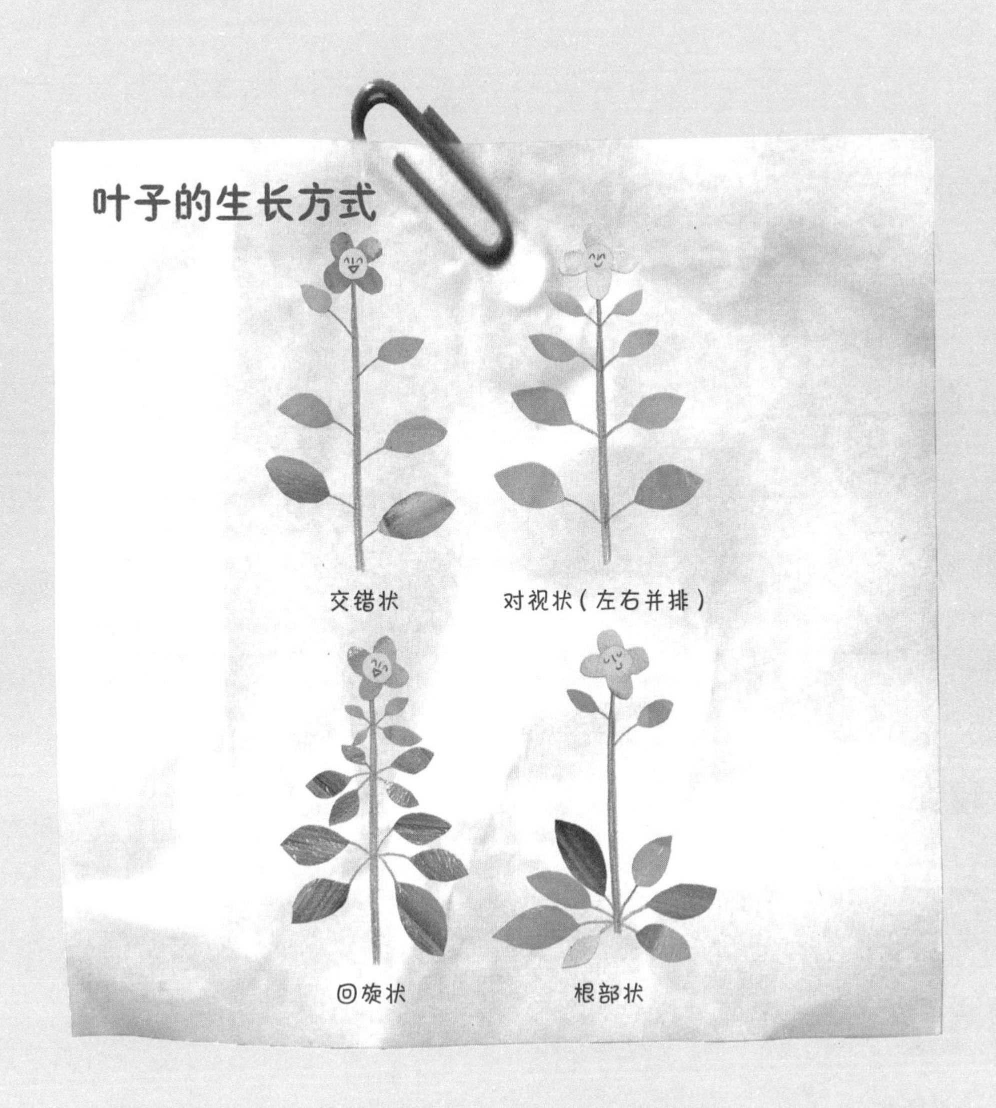

16. 植物能活多久

您看见山罗花了吗

剪夏罗迎着山风火红地绽放了。过了不久，来了位让人高兴的客人。

“蝴蝶啊，你怎么才来啊？难道发生什么事情了吗？”

“我要告诉你一个好消息。有一个花朋友刚搬来这里了。”

“真的？”

这时候，不知从哪里传来了一个陌生的声音：“您好！我是山罗花。我听蝴蝶说起过姐姐。”

剪夏罗有些吃惊地看了看，在那边岩石的缝隙里，深粉色的花正笑盈盈地看着自己。

“哎哟，你可是我头一次见的花。很高兴认识你！”剪夏罗高兴地跟山罗花打着招呼。

林子里的朋友们都很欢迎也很喜欢山罗花。住在远处的蝴蝶和蜜蜂也特意来看山罗花。

这样一来，剪夏罗就开始心里有些担心了，因为她觉得比起自己，所有的朋友好像更喜欢山罗花。

“要是山罗花从这里消失就好了。”

剪夏罗现在开始讨厌看到山罗花了。但是剪夏罗不能把这种情绪表现出来，因为杜鹃阿姨和蜜蜂大叔会责备她的。

不知不觉秋天到了。

“剪夏罗姐姐，这段时间真是太感谢你了。多亏有姐姐在，我才觉得心里特别踏实。现在要和姐姐分开了，总觉得对姐姐照顾得不够好，所以心里很难过。祝姐姐幸福！”

山罗花对剪夏罗恭敬地行了个礼。

但是，剪夏罗却没好气地说：“知道就好。”

秋去冬来，冬去春来，又一年的夏天到了。

剪夏罗今年夏天盛开得尤其漂亮。可是，不管她怎么找，也看不见山罗花的踪影。

“这个大懒虫！既然这样你就干脆别出现了。那我就可以独占大家的爱了。”

但是，剪夏罗却越来越想知道那个让她讨厌的山罗花的消息了。于是，剪夏罗向杜鹃阿姨打听道：“阿姨，您没看见山罗花吗？夏天都快过去了也一直不见她的影子。”

“唉！山罗花去年不就已经死了吗？她临走前还跟你告别了呢。”

“什么？您说山罗花死了？您这话什么意思啊？”剪夏罗大吃一惊反问道。

“你是多年生植物，所以每年都能开花，但是山罗花不一样，她是一年生植物，所以只能活一年就得死啊。”

“啊！原来是这样。我连这个都不知道，呜呜呜……”剪夏罗在山罗花临死前连句温暖的话都没说，一想到自己是那样送走山罗花的，剪夏罗就觉得很痛心。

“还好山罗花的种子在对面的林子里开花了，我去叼一颗来给你吧。”

“真是太感谢您了。等种子开了花，我会告诉她她的妈妈有多么美丽。”

剪夏罗擦干眼泪，数着手指头等着明年夏天的到来。

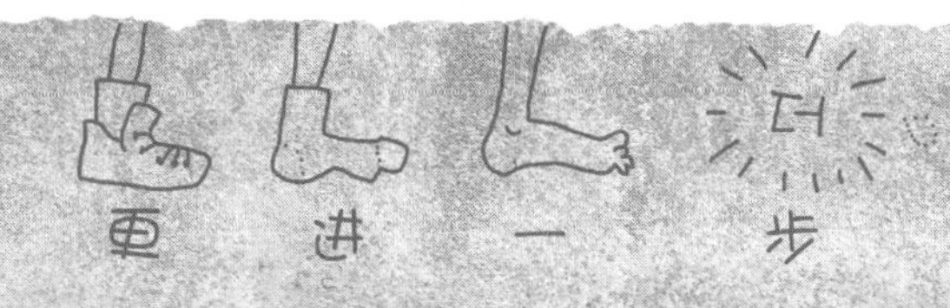

一年生植物

每种植物从发芽到长大再到死亡，经历的时间是各不相同的。有的植物只活够一年就会死去，甚至还有的植物只能活几个月，还有的仅仅能活几个星期。像这样只开一次花结一次果就死去的植物叫作一年生植物。

狗尾草

翠菊

多年生植物

和一年生植物不同，有的植物很多年都会开花结果。这样的植物叫作多年生植物。其中，树木是生存时间最长的，可以生存几十年到几百年。

剪夏罗

堇菜

蓟

两年生植物

也有的植物像月见草、益母草一样只能生存两年。这样的植物又被单独称为两年生植物。

花是叶子变成的

最初的时候叶子负责制造养分和制造种子两个工作。后来渐渐地发生了变化，有些叶子只负责制造养分，有的叶子只负责制造种子。叶子只分担一个工作，会更加有利于植物繁衍子嗣。

那么，最初的时候花是什么颜色的呢？对了，就是跟叶子一样是绿色的。因为它还是原样保存了用来制造养分的叶绿体。但是，后来毫无用处的叶绿体就慢慢地自动消失了。从那以后才开始有了五颜六色的华丽的花。

17. 为什么每种花开花时间都不一样

夜里开花的懒虫花

“月见草啊，你才是世界上最美丽的。我每次出来的时候别的花都在睡觉，我别提有多着急了。有你在这里迎接我，我真是太高兴了。来，充足地接受我的光照吧。”

月亮在月见草耳边小声说道。月见草害羞得脸都变红了。月亮的话被路过的蝴蝶听到了，第二天蝴蝶把这件事情告诉了其他的花儿们。

郁金香、紫茉莉和桔梗花听说了以后都愤愤不平。

“什么？月见草是世上最漂亮的花？咱们花坛里长得最丑的月见草？！”

“哼！别有用心的月见草！别人都开花的时候她在那里美美地睡觉，别人都睡觉的时候她才开花。说那种大懒虫花是最漂亮的，简直不像话！也不知道月亮的眼睛出什么问题了。”

郁金香、紫茉莉和桔梗花按捺不住了。所以，她们开始嘲笑月见草并孤立她。

“哎哟哟嘿哟哟，月见草是只在夜里开花的大懒虫。”

“哎哟哟嘿哟哟，月见草和猫头鹰是亲戚。”

听到朋友们的嘲弄，月见草伤心地流下了眼泪。

“呜呜，为什么大家都讨厌我呢？我太孤独太难过了。”

月见草因为太伤心了，所以什么也不想做。因此那天晚上月亮都露出脸来了，月见草还没有要开花的意思。月见草不明白为什么自己会这么特别，一个劲地流着眼泪。

就这样几天过去了，月见草变得病怏怏的。可是，别的花对病了的月见草根本就不理睬。

有一天，蛾子飞来问月见草：

“月见草啊，你到底哪里不舒服啊？你得了什么病，怎么也不开花了，看起来病怏怏的？”

“呜呜，担心我的人只有你啊。我决定像别的花一样在白天开花了。如果不那样的话，肯定还会继续被朋友们嘲弄。可是，这对我来说实在是太难了。”月见草抽噎着把这段时间发生的事情告诉了蛾子。

“唉！真是的！这样下去月见草要出大问题了。”

蛾子觉得自己不能坐视不管，于是，他把月见草的事情告诉了智慧的喜鹊爷爷，向喜鹊爷爷求助。

接着，喜鹊爷爷就来到了花坛，把郁金香、紫茉莉和桔梗花狠狠地批评了一顿。

“孩子们，每一种花开花的时间都是一定的。就跟牵牛花在太阳升起来以前开花，蒲公英、郁金香在太阳升起来以后才开花一样。还有呢，紫茉莉在下午开花，月见草在夜里开花。这跟不同的花在不同的季节开花是一样的道理。可是你们却嘲笑月见草在夜里开花，这像话吗？赶紧向月见草道歉！否则我就用我尖尖的嘴巴啄你们。”

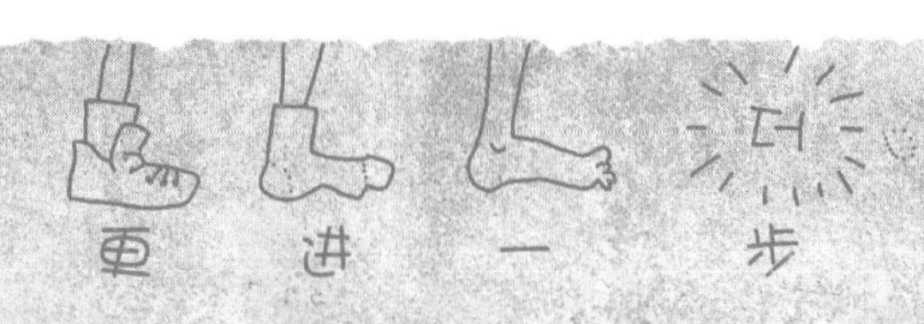

滴答滴答，漂亮的花钟做成了

凌晨四点，牵牛花
凌晨六点，蒲公英
早上八点，郁金香
早上九点到十点，酢浆草
上午十一点，秋芍药
中午十二点，堇菜
下午一点，松叶菊

下午两点到三点，桔梗
下午四点，紫茉莉
晚上七点到八点，月见草

植物常识

为什么有的花在早上开，有的花在晚上开？

植物都在最适合自己的环境里才会开花。植物会根据一天里晒到的阳光的强度确定恰当的时间开花。

根据一天的时间和温度，身体里面已经定好了什么时候工作什么时候休息，这就是生物钟。如果过分地调整生物钟，任何生物的身体最终都会出现问题。因此，所有的生物都喜欢有规律地生活。

在晚上开花的黄色月见草

月见草

月见草在晚上盛开黄色的花，到了早晨太阳升起之前就凋零了。因此，月见草要通过蛾子的帮助来传递花粉。虽然在白天很难看到月见草开花，但是如果是在乌云密布的白天里，也有可能可以看见盛开的月见草。

月见草的家乡在智利。

通过观察植物可以知道天气

要想种庄稼就必须要很好地掌握天气情况。可是，在科学技术并不发达的过去，人们是怎么事先根据天气情况来准备种庄稼的事情的呢?

我们的祖先是通过留心观察植物生长的样子来决定种庄稼的时期的。雪柳初次开花的时候开始插秧，夏季之花百合开花的时候播种小米或种植土豆。

通过观察植物，祖先们还可以预知当年会有旱灾还是会有洪灾。本应低头不语的白头翁把头抬起来了的话会有旱灾，鸡冠花叶子上呈现出深黄色的光泽的话会有洪灾。

怎么样？我们的祖先富有敏锐的观察力，很伟大吧?

18. 植物也结婚

卷丹花的婚礼

深橘红色的卷丹花盛开了，像是有些害羞似的微微地低着头的样子十分优雅。可能是因为徐徐吹来的风的缘故，卷丹花里面的雄蕊都在摇摆着。

“今天要选我们之中谁做新郎啊？他应该是最聪明、最健康的雄蕊吧？就像我一样。哈哈哈！”

啊，看来今天是卷丹花的婚礼。

“你这家伙，真无聊！我对造物主上帝表示不满。为什么只有一个雌蕊，却有六个雄蕊呢？这像话吗？所以雄蕊们才互相竞争。因为他们得在雌蕊面前表现得优秀一些，这样才有可能被选为新郎。”

一个雄蕊强烈地表达着自己的不满，紧接着，别的雄蕊们便不高兴地顶嘴说：“我倒是希望咱们之中有一个能被选中做新郎呢！”

这时候，一直在睡觉的雌蕊开始安慰雄蕊们了。

“这段时间里各位哥哥不是都很努力地造花粉了吗？所以啊，你们肯定都能结婚的。”

“对，要真能那样就好了！”雄蕊们都点了点头。

这时，雌蕊突然高兴地大叫起来。

“哎呀！哥哥们，凤蝶正从那边往这儿飞过来呢！”

凤蝶轻轻地坐在了卷丹花中央。接着，雄蕊们就争先恐后地拜托蝴蝶转达自己的爱意。

“喂！我可不会分身术啊！今天只能履行前三个雄蕊的托付，别的就等下次机会吧。”凤蝶摇着头说。

“蝴蝶先生！请把我的花粉传递给我们旁边的卷丹花的雌蕊吧。我对她是一见钟情啊。”

“请务必把我的花粉传递给花朵最大的卷丹花的雌蕊。求你了！一定啊！”

“只要是愿意接受我的雌蕊，是谁我都没关系。”

第一个、第二个、第三个雄蕊一边努力地把花粉涂在蝴蝶的身上一边依次拜托道。在这期间，蝴蝶则饱饱地享用着卷丹花招待他的甜甜的花蜜。

“蝴蝶先生！请您帮我看看有没有很帅的雄蕊吧。再过几天我也成熟可以结婚了。”最后，雌蕊红着脸不好意思地拜托道。

“好的，我会带给你好消息的。”蝴蝶咧嘴一笑，振动着翅膀，朝着别的卷丹花飞了过去。

可是，没过一会儿就下起了雷阵雨。

“哎呀！为什么偏偏这个时候下雨啊？！”

“刚才涂在蝴蝶身上的花粉不会就这么被雨水冲走吧？”

雄蕊们很伤心。于是，身为大哥的第一个雄蕊就安慰其他的雄蕊们：“别担心！结婚那天下雨的话，新郎新娘会很幸福的。突然下起雨来，说不定就是预示着咱们的爱情都能修成正果呢。所以，咱们一定会造出健康的种子的。”

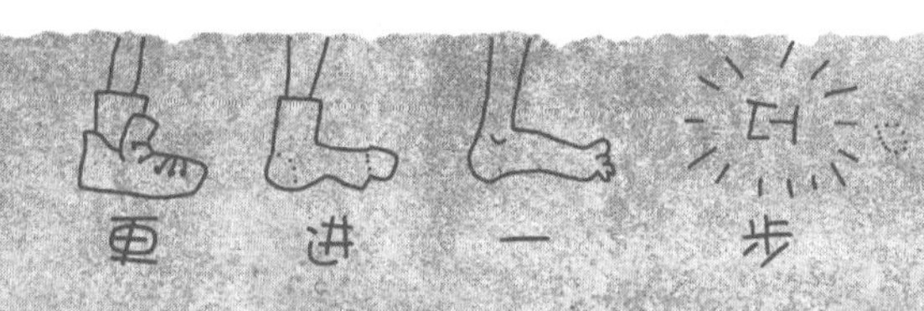

花是由雌蕊、雄蕊、花瓣和花萼构成的

花瓣是为了保护雌蕊和雄蕊而生成的。为了坚固地支撑起花瓣，花萼就长成了。所以，花萼和花瓣都是为了保护雌蕊和雄蕊而生成的。

但是，同一朵花上的雌蕊和雄蕊是不会结婚的。因为，它们的关系就和同一父母生的兄弟姐妹的关系是一样的。而且，一般情况下，同一朵花的雌蕊和雄蕊成熟的时期是不同的。

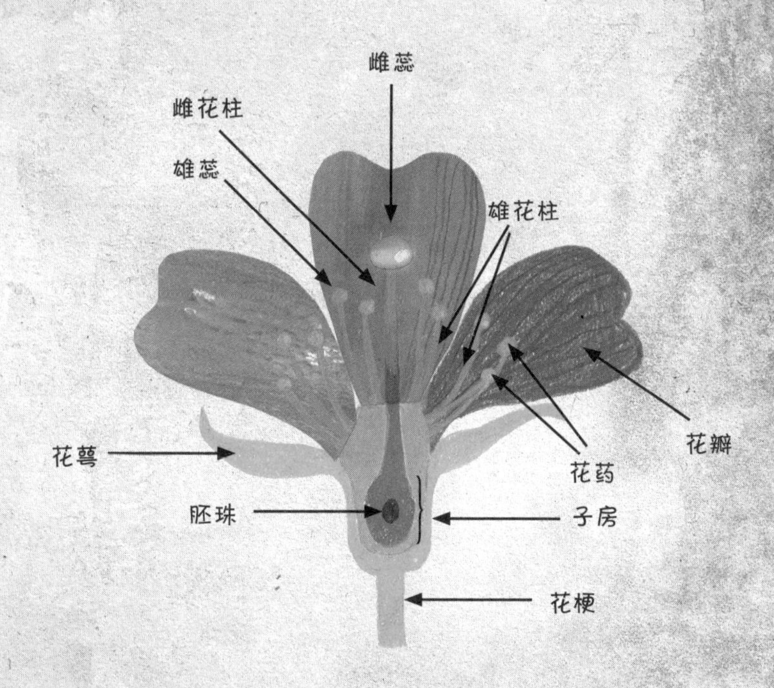

雄蕊向雌蕊求婚了

药囊花

雄蕊通过蜜蜂或蝴蝶把自己的花粉传递给别的花的雌蕊。如果雌蕊接受了雄蕊的花粉，就意味着雄蕊的求婚成功了。这叫作接受花粉或者受粉。

雄蕊制造的花粉颗粒十分小，即使是最大的花粉直径也不过 0.2 毫米。有的花粉像蜗牛似的圆圆的带个小尾巴，还有的花粉是三角形的。

卷丹花

花真的很有智慧

雄蕊的花粉并不一定能传递给雌蕊。传递花粉的蜜蜂或蝴蝶可能随便在什么地方就把花粉弄下来了。所以，花的雄蕊数量一定要比雌蕊多。

这样可以制造出更优秀的种子。一旦雄蕊比雌蕊的数量多，雄蕊之间就得展开激烈的竞争。因为只有造出比别的雄蕊的花粉更优秀的花粉，才能被雌蕊选中。

所以啊，长有更多的雄蕊，正是花为了繁衍质量优秀的子孙的缘故，这是花的智慧。

代表各个国家的花

每个国家都有象征自己的花卉，这就是国花。韩国的国花是木槿花。

那么其他国家把什么花卉当作自己的国花呢？

木槿花

埃及、喀麦隆：睡莲

法国：鸢尾花

中国：梅花

土耳其、伊朗：郁金香

俄罗斯、秘鲁：向日葵

意大利：雏菊

鸢尾花

19. 植物为什么开花

终结者松叶牡丹的秘密

你们好，我是松叶牡丹。当太阳升起的时候，我也兴高采烈地滴溜溜地跳着舞开花。

啊，对了！最近很流行互送名片是吧？我也在几天前做了名片，给你们看看。

你们说不相信我的叶腋上长着白色的毛？那就请拿着放大镜亲自仔细观察一下吧。

虽然现在你们还太小了腋窝里不长毛，可是等你们长大成人以后腋窝里也会长毛，这和我们是一样的。

好的好的，现在我就向你们解释一下为什么我的外号叫终结者吧。

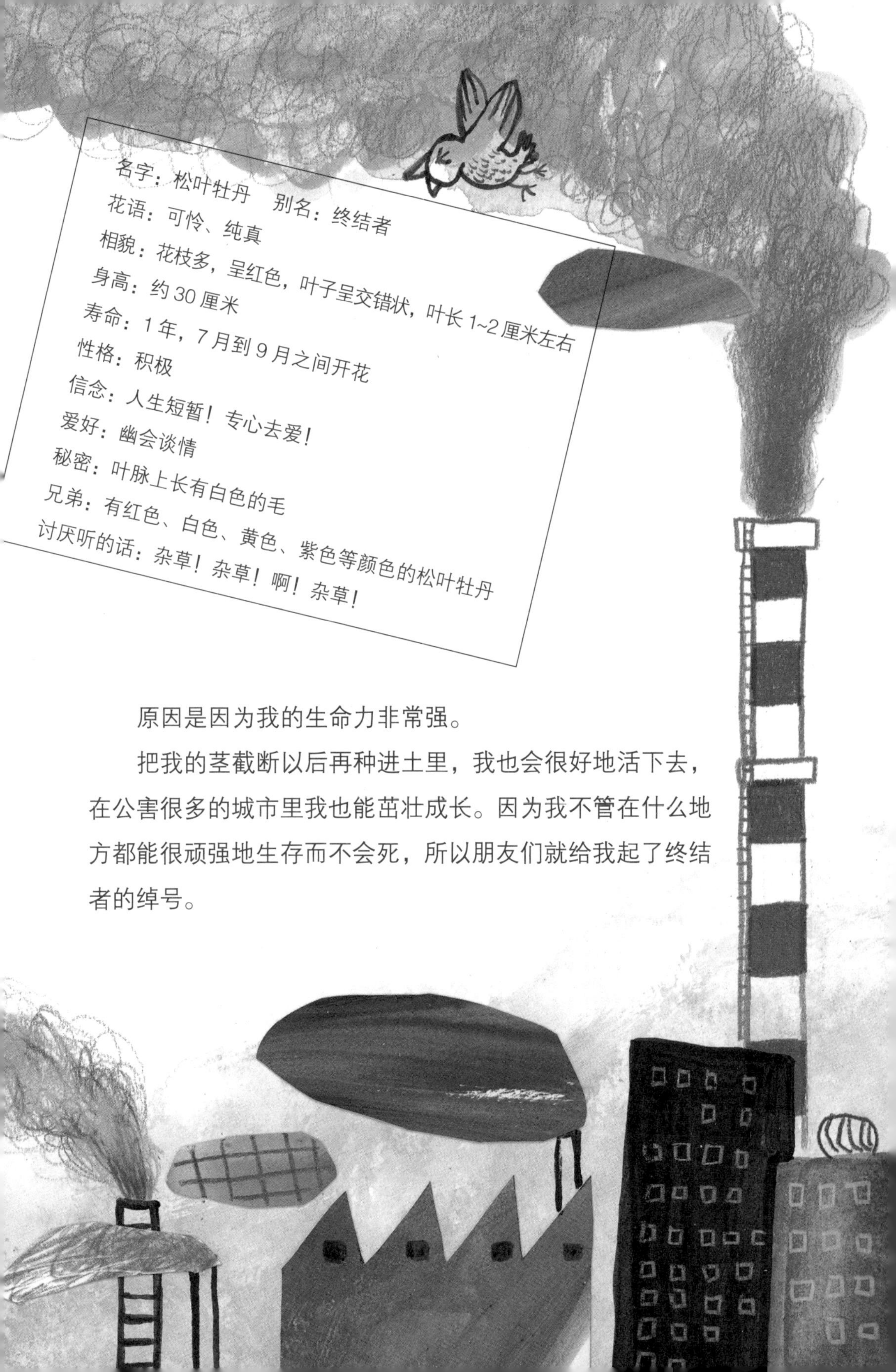

原因是因为我的生命力非常强。

把我的茎截断以后再种进土里，我也会很好地活下去，在公害很多的城市里我也能茁壮成长。因为我不管在什么地方都能很顽强地生存而不会死，所以朋友们就给我起了终结者的绰号。

这样一来就有人像对待杂草一样对待我。因为我生命力强就说我是杂草，我怎么能不委屈呢？虽然我们和杂草马齿苋是近亲，那也不能就认为我们也是杂草啊。

你们想想看。我们松叶牡丹只能活一年而已。所以，我们哪有精力对我们的生存环境挑肥拣瘦的？当然是不管在什么地方，先把花开了再说呗。

当然了，你们应该知道我们为什么开花吧？什么？说我们是为了讨好蝴蝶之类的昆虫？说我们是为了赢得人类的喜爱？

这个嘛，也并不完全是错误的说法。但是，我们开花的真正原因是为了制造出延续我们子孙的孩子。

人类男人和女人结了婚得过新婚之夜吧？那么，要想安稳地过好新婚夜得先有新房吧？同样，我们也需要有新房。也可以说是盛开的花新郎和花新娘相爱的新房。这么看来，我们这些开花的植物还是很浪漫的吧？

然后，如果花新娘怀孕了的话，花瓣就凋落。想想看，怀了宝宝以后哪里还有心思可以用在别的地方啊？其实，花开花谢都是为了繁衍后代的。

现在，你们应该可以猜到我为什么把“人生苦短，专心去爱”作为我人生的信条了吧？结果，爱就自然而然地成了我的爱好了。

嘘！侧耳倾听吧！是不是听到了优美的歌声？那正是我们松叶牡丹喃喃说爱的歌声。其实，这才是我们松叶牡丹真正的秘密呢。

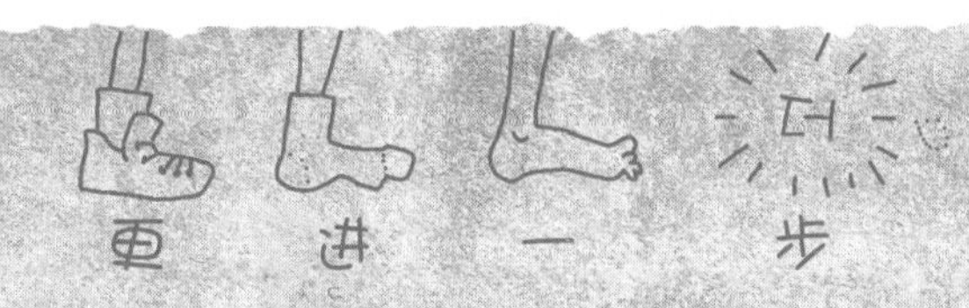

花为什么开了以后很快就凋谢?

如果把松叶牡丹的雌蕊用袋子包起来不让它受粉的话，会怎么样呢？那它就会开花一直开到日落之际。

相反，如果松叶牡丹一开花就在它的雌蕊上撒上花粉，在中午到来之前恐怕花就已经凋谢了。上午九点给它撒上花粉，下午一点左右就会凋谢，上午十一点给它撒上花粉，下午三点左右就会凋谢的。

这样看来，花是为了受粉才开的。而花之所以要受粉是为了制造种子。

松叶牡丹

植物常识

花是给植物分类的重要标准

在地上球上生存着35万种植物，其中有10万种是不开花的植物。苔藓、蕨菜、海带等就是最具代表性的不开花的植物，这些不开花的植物整体被称为隐花植物。开花的植物被称为显花植物。像这样，花是划分植物种类的重要标准。

蕨菜（隐花植物）

不过，隐花植物是怎么制造种子的呢？

隐花植物是通过叶子来制造种子的。这样生成的种子叫作孢子，由这种种子生长成的植物叫作孢子植物。

松叶牡丹的真正秘密

大部分花是借助于昆虫来受粉的。但是，松叶牡丹在不能借助蝴蝶之类的昆虫时，它就可以自己受粉。这正是松叶牡丹生命力强大的真正原因。而且，这也是松叶牡丹被误认为杂草的原因吧。

天气不好或者在岩石缝隙里只有一棵松叶牡丹开花的情况下，请你好好观察一下松叶牡丹吧。

你会发现雄蕊往雌蕊一边倾斜着。嘘！松叶牡丹正在自己受粉呢。

可以吃的杂草

不管在什么地方都能很好地生长又很常见的植物经常被称为杂草。听到这个名字，一定有很多人会认为杂草是没有用处的植物吧。其实，春天里用来炖汤的荠菜、香香的艾蒿或艾蒿做的年糕、甜辣可口的山蒜拌菜可都是用杂草为材料做成的。水芹、车前菜、东风菜、马齿苋等也是让我们的餐桌变得丰盛的杂草噢。

水芹

东风菜

车前菜

20. 花怎样搬运花粉

搬运花粉，谁干得最好

今天是举行“搬运花粉，谁干得最好”大赛的日子。林子里的大操场早已经挤满了动物，想要参加比赛的住在林子里的左邻右舍们把这儿都填满了。光看这架势你就能想象到这次比赛多有意思了吧？如果能得第一的话，还有可以足足吃一年的蜂蜜作为奖品呢。有谁会不想来参加这个比赛呢？

“喂，蜜蜂啊，你说你会不会白来参加比赛了啊？我可是要稳拿第一的啊。不过，有你在也可以给我做个对照嘛。哈哈哈。”

“说什么呢？搬运花粉我可是个高手！春天、夏天、秋天里可是数我搬运花粉最勤劳了呢。只有比赛完了才能一决雌雄呢！”

蜜蜂和蝴蝶互相争着说自己会拿第一。同时，蚂蚁和蛾子在一边大声说道：

“搬运花粉我也有份啊！不过，蛾子啊，你真的搬运过花粉吗？你不是主要在夜间活动吗？”

“你不知道吗？晚上开花的月见草可是我给搬运的花粉呢。”

就在这时，不知道从哪儿飞来了一只苍蝇。

“你不会也是为了参加比赛来的吧？”

“为什么我不能参加呢？我可是为了参加比赛从遥远的印度尼西亚飞来的。”听了蛾子好奇的提问以后，苍蝇马上说道。

“哎哟，你能搬运什么花粉啊？还特意从那么远的地方飞过来。”蛾子冷笑着说。

“你还真不知道啊。我可是为世界上最大的花——大王花搬运花粉的。大王花为了吸引我们过去还故意发出腐肉的臭味，别提有多焦急地等待我们的到来呢！”苍蝇得意扬扬地说。

可是，这时候蝙蝠戴着墨镜不知道从哪儿飞了过来。“啊，阳光太刺眼了！放着晚上那么好的时间不用，干吗非得在大白天举行比赛呢？要不是这副墨镜，恐怕我的眼睛早就瞎掉了。”

“你也要参加比赛？！”听到蝙蝠嘟嘟囔囔的，蚂蚁吃惊地问。

“要不我为什么费这么大劲飞到这里来呢？我把木棉树的花粉搬运到猴面包树上。它们可是为了我把花开得大大的呢，而且还是在夜里。它们还用甜甜的蜂蜜款待我呢。”

蜜蜂和蝴蝶看到这情景，在旁边窃窃低语：

“喂！我还以为只有咱们俩会搬运花粉呢。”

“我也是。不过，看来这次比赛的竞争会相当激烈啊。”

这时候，一只鸟从远处飞了过来，气喘吁吁地跟大家伙打招呼：“你们好！我是给山茶树搬运花粉的绣眼鸟。其实我本来不想来参加比赛的，可是山茶树一个劲地劝我来，所以我还是决定来了。”

竞争者可真多啊！这次比赛一定会很带劲吧？

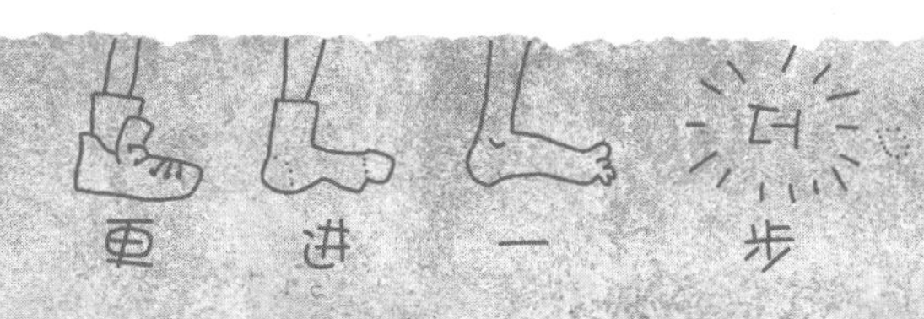

昆虫都有自己喜欢的花的颜色

昆虫可不是随随便便就飞到哪朵花上的。不仅大部分昆虫都喜欢样子华丽香气又重的花，而且都还各自有自己喜欢的花的颜色呢。

菜粉蝶尤其喜欢黄色的花，对红色的花压根儿都不理睬。与之相反，凤蝶却一味追着红色的花跑。蜜蜂则主要聚集在白色和黄色的花丛里。

菜粉蝶

凤蝶

花儿们选的红娘们汇聚一堂

绣眼鸟

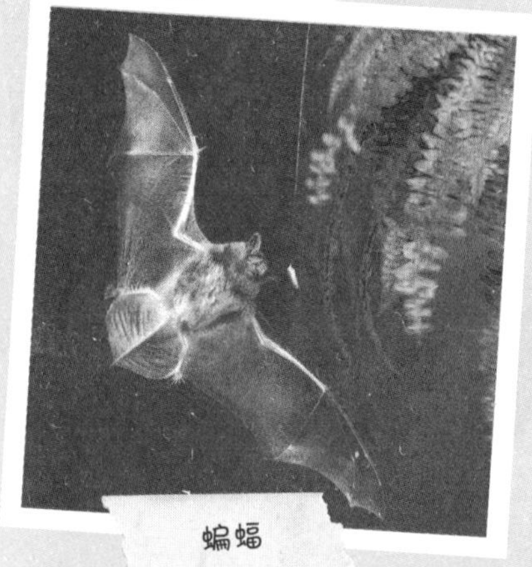
蝙蝠

蜜蜂可以装载花粉的囊很发达。

蝴蝶的嘴巴长得很长，这样就可以很方便地到花里面吸食蜂蜜了。好好观察一下蝴蝶的嘴巴，你会发现它的嘴巴长长的，看起来像胡须一样。

绣眼鸟的嘴巴也长得又细又尖，这样它就能吸食花朵里的蜂蜜了。绣眼鸟尤其喜欢红红的山茶花。

蝙蝠的下巴边缘长着长长的毛。蝙蝠利用这里的毛把花粉扫在一起之后把花粉粘在舌头和鼻子上，然后搬运花粉。蝙蝠和蛾子是盛开在夜间的花的红娘。

风和流水也是花的红娘

起风的时候，有的花会让花粉随风飘散。松树、枫树、柳树、玉米就是这样的。那么它们为什么要通过风传递花粉呢？那是因为它们开得既不漂亮，又没有香甜的味道，所以没有鸟或者昆虫来找这些植物的花。

生活在水里的荷花、苦草、菱角则会让自己的花粉随着流水漂走。

菱角

荷花

为什么每种花的颜色都不同?

花里有花青素和叶红素。带有花青素的花会呈现出红色、蓝色和紫色。那么，为什么同样带有花青素的花会长成不同的颜色呢?

这起因于各个地方土壤的性质不同。土壤是酸性的，花就是红色的；土壤是碱性或中性的，花就是蓝色或者紫色的。

带有叶红素的花则呈现出黄色、红色或橘红色。

也有根本没有色素的花。这些花就是白色的花。因为没有色素，光反射之后就呈现出白色来了。

21. 怎么辨别树木的雌雄

女的树和男的树

唉！我被抓住了！那个男孩用他有力的手扣住了我。旁边的女孩——男孩的朋友一个劲地拍手叫好……求你一定要轻轻地捉我。我觉得我的翅膀马上就要折断了。

我被关进了捉昆虫的网兜里面。不幸中的万幸！那个女孩说：

“咱们一会儿把蜻蜓放回天上吧。”

“好啊！”

我的命总算是保住了。

作为一只蜻蜓活着实在是太累了。我每隔几天就会像这样被人们捉住一次。

还不只如此呢！我们蜻蜓还得随时注意有没有汽车开过，根本不能尽情地翱翔。不管你信不信，我们蜻蜓飞着飞着，很有可能就会撞在行驶的车上被撞死。

啊，眺望天空，黄色的叶子在太阳底下闪闪发光。对，这些叶子就是银杏叶。现在男孩和女孩正走在银杏树道上。让我来听听他们在说些什么吧。

“你知道吗？银杏树里有女的树，也有男的树。所以，女的树上只开女的花，男的树上只开男的花呢！”

“是吗？那什么样的树是女的树？什么样的树是男的树啊？”

男孩说的是真的吗？如果是真的，我也很想知道呢。我虽然知道分别有开雌花和雄花的植物，但却从没听说过女的树和男的树分别生长。

雌花就是只长有雌蕊的花，用你们的话说就是女的花。

雄花当然也就是只长有雄蕊的花了。所以，也可以叫作男的花了吧？你们经常吃的南瓜和玉米就是这样的。等以后好好观察看看吧。雌花和雄花的样子是有区别的，所以可以很容易区别开来。雌花的底部是鼓起来的，雄花的底部则是直直的。在雌花鼓起来的底部，会长出玉米或者南瓜。

对了，这样看来，女的树应该是只开雌花的树，男的树应该是只开雄花的树吧。

“女的银杏树上又开花又结果，但是男的银杏树上只开花不结果。所以啊，结着果实的银杏树就是女的银杏树。”

果然如此！果实是雌花结出的，那就可以通过观察有没有果实来判断雌雄了。

“那么只有等到秋天才能分辨出谁是女的树谁是男的树了，对吧？”

“嗯，等到了秋天咱们再一起确认一下吧。”

“好啊！可是，所有的树都像银杏树一样分男女吗？”

“这个嘛，可能都分吧？啊！对了！咱们把蜻蜓给放了吧！”

“这么快就放？好吧。反正还可以再抓嘛。”

啊！男孩刚把捉昆虫的网兜的口打开，我就迫不及待地抖着翅膀飞了出来。

我现在正在天上飞着呢！男孩和女孩在下面冲我挥手。就是！我们蜻蜓在天空里飞翔的时候才是最美的。

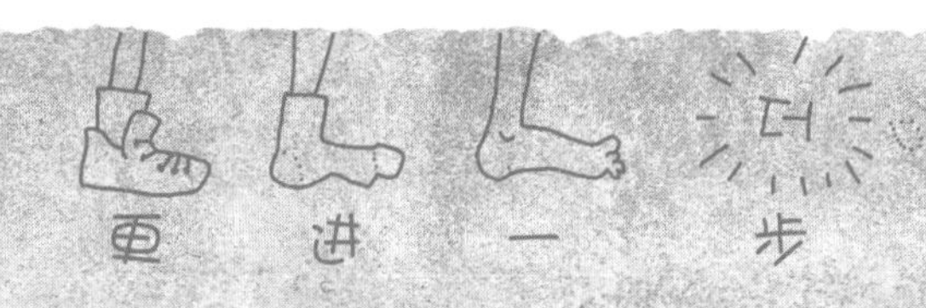

雌花、雄花，雌树、雄树

植物虽然一般都是在一束花里既长有雌蕊又长有雄蕊，但是并非所有的植物都是这样的。南瓜、黄瓜、松树就分别开只有雌蕊的花和只有雄蕊的花。只长有雌蕊的花叫作雌花，只长有雄蕊的花叫作雄花。

银杏树、杨树、枞树干脆分别长成只开雌花的树和只开雄花的树。只开雌花的树叫作雌树，只开雄花的树叫作雄树。

雌树稍微胖一些，雄树稍微细长一些

如果只通过观察银杏树、杨树的外表，我们能分辨出哪是雌树哪是雄树吗？等到了开花期，雌树和雄树的外表就会有一些差别。把它们摆在一起来观察，雌树的个头小一些，身体更胖一些；雄树则更细长，伸展得更大一些。不过，如果不是专家，很难观察到这些差异。

所以，最简单、最准确的方法就是通过观察它们开的花来辨别雌雄。

同一品种的树模样也不一样

独自生长在宽敞的地方的树会延伸出许多树枝，叶子也很茂盛，而且它的树干也非常粗壮。但是，和其他树密排着生长的树却像电线杆似的又细又直。因此，是否和周围的树密排在一起生长，决定了树长成的样子。

如果把两棵树紧挨着种在一起会怎么样呢？就会像把一棵树分成了两半一样，一棵树只长左边，另一棵树则只长右边。这是两棵树为了均匀地接受阳光照射的结果。

植物也会互相打架

植物之间也会互相竞争，互相打架。可是，植物不像动物，没有尖利的牙齿和爪子，那它们是怎么做到的呢？植物通过在叶子或者根上分泌化学物质来阻止别的植物靠近自己。

切葱或者捣蒜的时候我们会觉得特别辣眼睛，这里面辣的成分可以说就是葱和蒜制造出来的化学武器。葱和蒜就是靠这些辣的物质攻击其他植物，不让它们在自己周围生长的。

松树为了阻止杂草或其他植物在自己周围生长，会从根里分泌出一种奇特的物质。不只是这样，如果别的树开始生长，松树就会迅速发芽，抢先占据空地。洋槐则会靠因根瘤菌而旺盛的繁殖力和周边的植物竞争。

洋槐

怎么样，植物世界也不亚于动物世界，一样让人觉得又神奇又有趣吧？

22. 种子是怎么制造而成的

花凋谢啦

“哇！花凋谢啦！”

成年蚂蚁们都兴高采烈地聚集到了堇菜下面。

“堇菜花谢了，值得那么高兴吗？”蚂蚁宝宝小金不得其解地歪着脑袋，也跟在成年蚂蚁屁股后面。

堇菜在春天里盛开的漂亮的紫色花瓣都已经凋谢了。但是，果实已经结在了上面，朝下低着头。

“几天前蝴蝶来了一趟，结果堇菜就凋谢，结出果实了……再过几天，果实应该就能长大了！”成年蚂蚁们高兴地嘀咕着。

大家伙光想一想都觉得美味无比，一个劲地咽口水。从现在开始，成年蚂蚁们最关心的事情就是堇菜的果实能不能长上厚厚的果肉了。

“哎呀，比昨天胖了一些了。”

“再过几天果实就可以绽开分成三支了。”

小金实在不明白成年蚂蚁们为什么会那么说。

没过多久，有一天，四处的堇菜果实都绽开分成了三支。每当果实绽开的时候，就会蹦出很多褐色的种子。紧接着蚂蚁们就争先恐后地抢掉在地上的种子。

“放手！这是我先看见的，所以这是我的！”

“什么话嘛！先占者为王，你还是去抢掉在那边石头底下的种子吧。”

然后，四周传来蚂蚁们用力气的声音。

“嘿哟！嘿哟！”

这是蚂蚁们使尽浑身力气把堇菜种子往自己家里搬的声音。

蚂蚁宝宝小金好奇地瞪大了眼睛，傻傻地站在一边看着。

“孩子！你在干吗呢？你也赶紧把堇菜种子搬回家里去吃吧。”路过的蚂蚁阿姨对着小金喊道。

小金这才搬了一颗堇菜种子回了家。然后就学着别的蚂蚁的样子开始吃起堇菜种子松软的果肉来。

“真好吃！怪不得成年蚂蚁们看见堇菜花凋谢了那么高兴呢。”小金沉醉在堇菜种子的美味之中。

可是，这时候外面又传来了蚂蚁们搬运东西的声音。

“嘿哟！嘿哟！”

这次是蚂蚁们把吃剩下的坚硬的堇菜种子搬出家的声音。小金也跟着把家里的堇菜种子搬了出来。

“这坚硬的种子也都是果肉的话该有多好啊！”

住在隔壁的蚂蚁阿姨听了小金的话“哈哈哈”地笑了起来。

“那种子可是堇菜的孩子呢！等到了明年春天的时候，你扔种子的地方就会长出新的堇菜。那样你就又可以美美地饱餐一顿堇菜种子的果肉了啊。”

“哇，这些种子可是很珍贵的东西哪。可是，这些种子是怎么制造出来的啊？”

“叫什么来着？说是要受精才能制造出种子来……蝴蝶或者蜜蜂应该知道得很清楚。”

蚂蚁阿姨告诉完小金这些就回家去了。小金想明天一定要去问蝴蝶和蜜蜂。

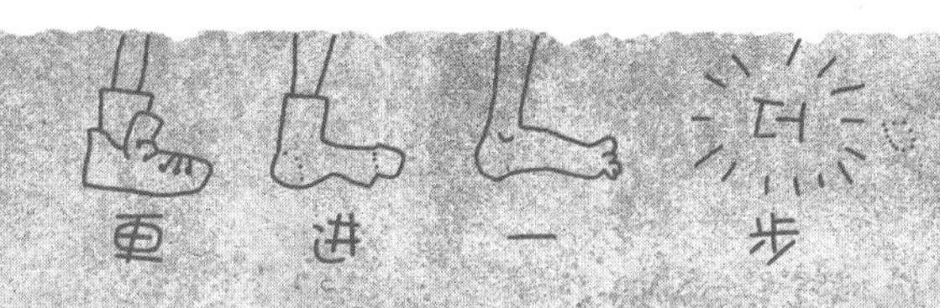

宝贵的种子生成的秘密

就像人结婚以后生出漂亮的宝宝一样，花在受粉以后也会生出宝贵的种子。那么，种子是怎么生成的呢?

花的雄蕊会造出一种像面粉似的松软的花粉。花的雌蕊上有生成种子的地方，那个地方叫作子房，在子房里有胚珠。

种子就是胚珠和花粉相遇以后生成的。胚珠和花粉相遇以后成为一体就被称为受精。

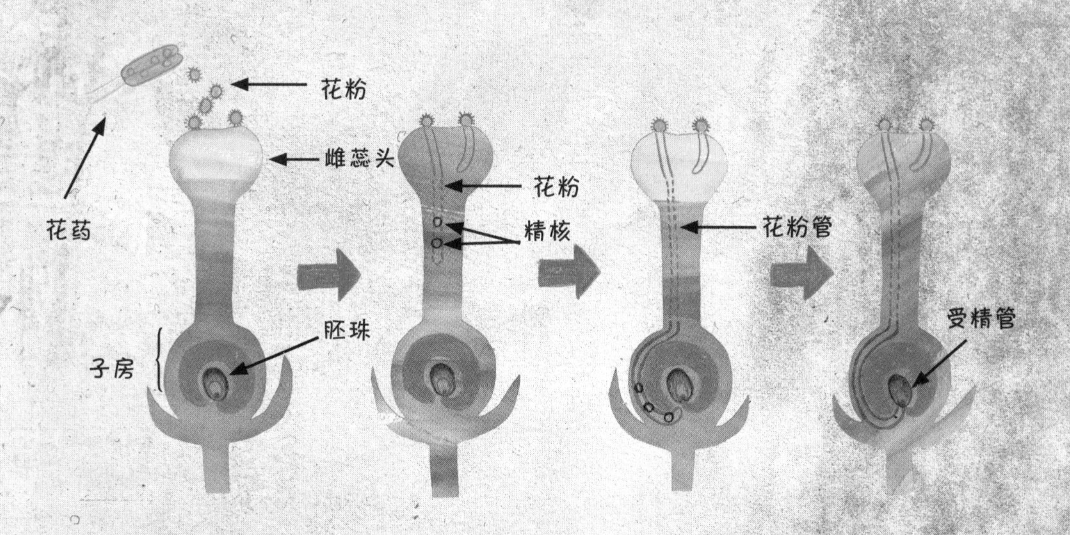

植物的受粉和受精

植物 常识

植物的种子是森林里的睡美人

种子只有在适度的水和空气、温度都具备的条件下才会发芽。否则种子会一直沉睡，直到发芽的条件具备为止。车前草、藜之类的杂草的种子即使沉睡了 20 多年，只要条件合适，随时都可以发芽。

因此，在卖种子的商店里面为了能长期保管种子，还故意让种子睡觉呢。但是，如果种子睡的时间太久了，也有可能会丢了性命，所以，一定得小心才对，是吧?

蒲公英的种子

植物怎样把种子传播到远处?

蒲公英、蓟、杨树的种子上都长有绒毛，可以乘风散播到很远的地方。

小窃衣、山钱草的种子上长着小钩子或针。这样的种子可以粘挂在路过的动物的身上，等找到合适的地方就会掉到地上发芽。

香瓜之类的植物则会结出果实。动物们吃了果实以后，会把籽吐出来。籽进到地里面以后就会伺机发芽。有的动物也会直接把籽一起吃下去，籽就会随着动物的排泄物一起出来，然后发芽。

荠菜和堇菜的种子会在荚绽开时蹦出来。松鼠埋在地下准备以后吃的橡子也会发芽。还有像莲花一样浮在水面上随水漂流的种子。

小窃衣的种子

自己种种子的花生

花生长大受粉后，就会长出种子荚（花生壳），荚里面花生的果实开始生长。荚里面的果实成熟之际，荚就会变得特别沉。这样一来花生的茎承受不了果实的压力，荚就会低头朝向大地，最后干脆就埋在地里面了。所以，我们只能说花生是自己把种子种在了地里面。

花生

在韩国语里，花生被叫作“地豆”，我想你们可能已经猜到为什么叫这个名字了吧?因为花生是从地里挖出来的，就像土豆是从地里挖出来的一样。花生的味道很香，营养也很丰富。而且，花生还可以用来制作肥皂呢。

23. 果实是怎样长成的

栗子从树上自己掉下来

现在是天高气爽的秋天。挂在栗子树上的棕红色的栗子看起来更加漂亮了。顺英和邻居家的熹儿正在外婆家后院里的栗子树下玩抓石子的游戏。

当！一颗栗子从树上掉到了顺英的脚边后裂开了。

“天哪！”

顺英和熹儿都被吓得大叫了一声。栗子爆开时的渣儿溅到了顺英和熹儿的脸上，不过还好没有伤到她俩。

两个人用衣服边儿擦了擦脸，然后又觉得很好笑，一起咯咯地笑了起来。随后，她俩抬起头看了看树上的栗子。

“是谁把栗子弄下来的呢？”

“可能是喜鹊吧。”

可是，栗子树上连一只喜鹊的影子都没有。

“真奇怪！到底是谁呢？难道是风把栗子吹下来的？”

看顺英不得其解地歪着脑袋，熹儿就说道：“你呀！什么时候刮风了啊？是栗子熟了自己从树上掉下来的。”

“栗子自己掉下来的？不可能！栗子为什么故意从栗子树上掉下来呢？对栗子来说，栗子树就是它的妈妈啊。”

“我说的是对的！水果也是一样的，水果熟透了还没有人摘的话，就会自己掉到地上来的。”

“我还是觉得很奇怪！我不信！”

顺英坚持说不可能，熹儿很生气地回家了。

顺英怏怏地回到了外婆家。

“怎么了？和熹儿吵架了？”

“外婆，是这样的……”顺英把刚才发生的事情从头到尾跟外婆说了一遍。

“熹儿说的是对的。树木的果实成熟以后就希望人们把自己摘下来或者动物来把自己吃了。可是如果人和动物都不去碰它的话，它就会自己掉到地上。”

“真的吗？如果我是树木的话，我想我一定会担心我的果实被人摘走了的。”

“呵呵呵，你听好了啊。果实呢其实是在保护它里面的种子。可是，植物自己动不了，所以就希望人或动物把自己的果实吃掉，这样就能帮助它们把种子散播得很远了。动物吃完果实会把里面的种子吐出来，种子在它掉下来的位置上等待条件成熟以后就可以发芽了啊。”

“哎呀，我连这个都不知道……”

听了外婆的讲解，顺英对刚才的事情感到特别后悔。

“外婆，我出去一下。”

顺英跑了出去。外婆看着顺英的背影咧开嘴笑了，因为她知道顺英这是要去哪儿。

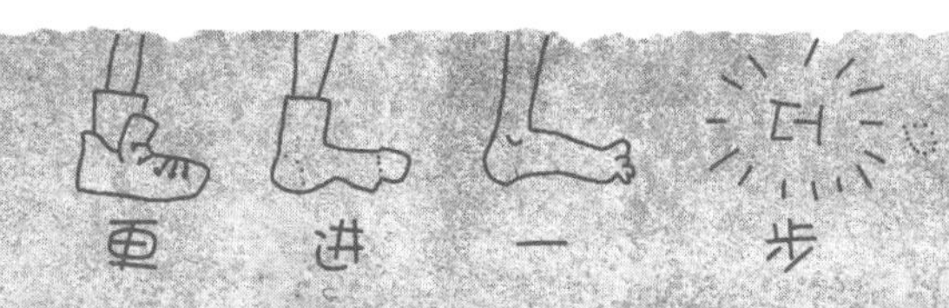

香甜的水果是怎样长成的？

果实是花的一部分变成的。果实里面人们可以吃的叫作水果。樱桃、柿子、葡萄等都是花的子房生成的果实，这类果实叫作真果。梨、苹果、草莓等都是花托或花萼和子房一起生成的果实，这类果实则叫作假果。

花托是在下面托住花萼、花瓣、雄蕊、雌蕊的。

苹果花

还不太成熟的苹果果实

为什么水果熟透了以后会自己掉到地上？

水果成熟以后，如果没有人或动物去摘，它就会自己掉到地上。这其实是水果把果实当作肥料来散播里面的种子。

不过，大部分水果在自己掉落之前就会被人或动物摘下来吃掉的。这对植物来说可是件值得高兴的事情。因为人或动物吃掉果肉，把里面的种子吐出来以后，掉在地上的种子就可以等到合适的时候发芽了。因此，植物们为了让自己的果实能得到更多的青睐，就把自己的果实妆扮得又有光泽又漂亮，看起来还很好吃。而且，为了让人和动物经常想吃自己的果实，植物也让自己的果实更加香甜。

热带地区最大的水果

菠萝蜜

世界上最大的水果是菠萝蜜。菠萝蜜长达 30 ~ 80 厘米，重达 10 ~ 20 千克。菠萝蜜是生长在一年到头都很热的地方的水果。

要说到热带水果，菠萝和香蕉可是不能不提的。名叫山竹的水果味道像冰激凌一样又甜又凉爽，香味也很特别，所以很受人们的欢迎。除此之外，还有芒果、番木瓜、鳄梨。

山毛榉的传说

山毛榉

在很久远的古时候，韩国郁陵岛的人们种下了一百棵栗子树。因为山神告诉他们只有这样做才能阻止大的动乱。

村子里的人们一种完栗子树，山神就来点数了。可是，不管山神怎么数，数来数去都差一棵。

“嗯哼！我有没有告诉你们如果不种够一百棵栗子树就会出大事？”山神对村里的人大发雷霆。

这时候，在高大的栗子树中间一棵又小长得又不好看的树喊道：“我也是栗子树啊！”

“什么？你也是栗子树？”山神大吃一惊，反问道。从那以后，郁陵岛的栗子树就都被叫作“你也（是）栗子树”［韩国语里的“山毛榉”直译为“你也（是）栗子树”］。

菟葵

现在正在刮风吗？如果正在刮风的话，你可以静心聆听一下。或许你能听见不知道从哪儿会随风传来又长又低沉的“呜嗡”声。那个声音就是竹林里面发出的鸣声。同时也是老虎的家乡的声音。这话是什么意思？

那是二十多年前的事情了。就像音乐家拨弄乐器似的，那天的风也仔细地拨弄着竹林里的竹叶。这时，爷爷说：“孩子，你听到那个声音了吗？”

“您说的是风的声音吗？”

“不是，不是。你用心聆听一下，你会听见‘呜嗡’的声音。”

我按照爷爷说的，闭上眼睛开始用心聆听风吹的声音。结果，我果然听到了那个声音。

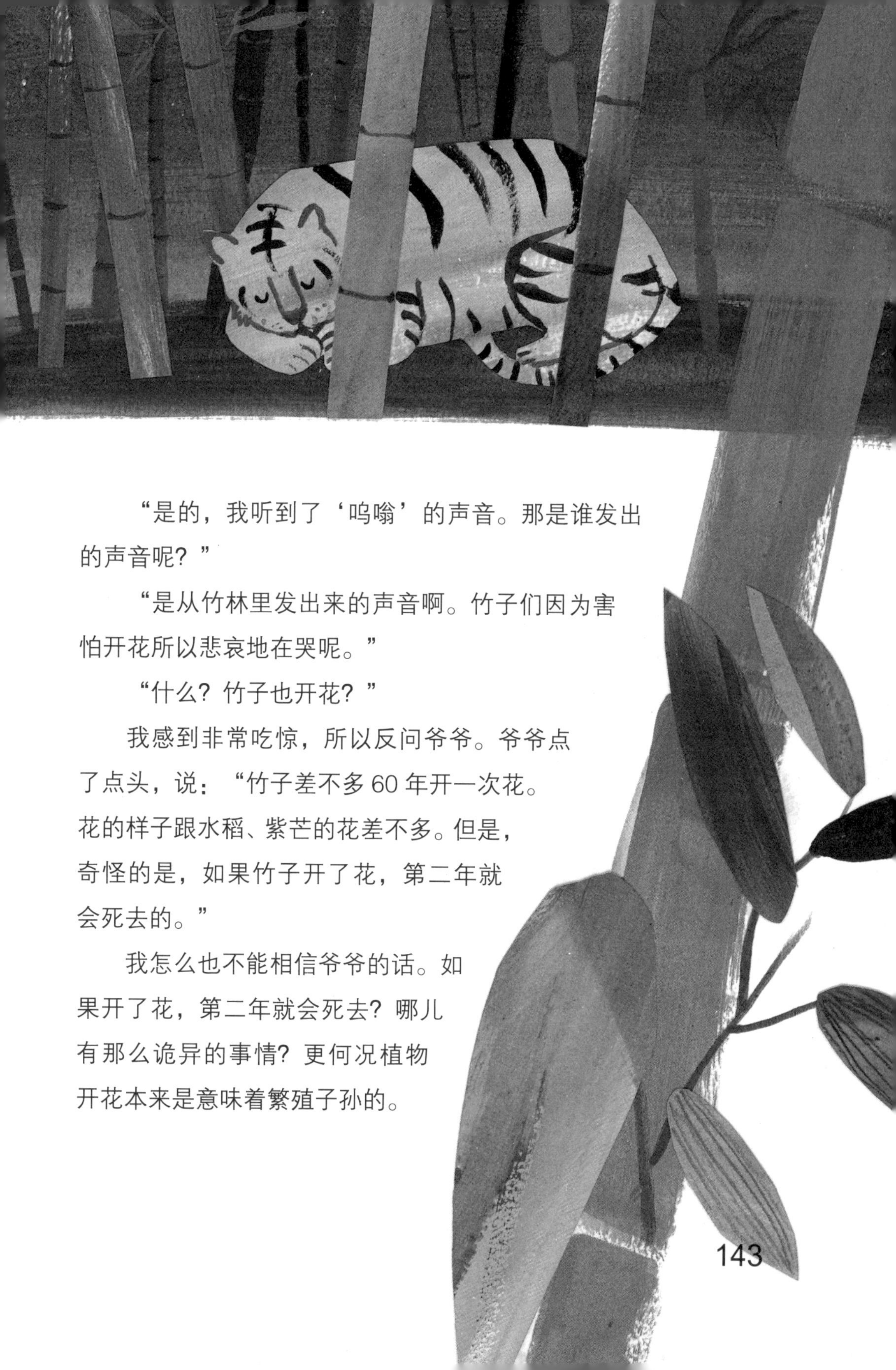

“是的，我听到了‘呜嗡’的声音。那是谁发出的声音呢？”

“是从竹林里发出来的声音啊。竹子们因为害怕开花所以悲哀地在哭呢。”

“什么？竹子也开花？”

我感到非常吃惊，所以反问爷爷。爷爷点了点头，说：“竹子差不多 60 年开一次花。花的样子跟水稻、紫芒的花差不多。但是，奇怪的是，如果竹子开了花，第二年就会死去的。”

我怎么也不能相信爷爷的话。如果开了花，第二年就会死去？哪儿有那么诡异的事情？更何况植物开花本来是意味着繁殖子孙的。

“竹子不是通过开花繁衍子孙的。竹子除了我们可以看见的在地面上的茎以外，在地底下也养育着茎。竹笋就是地底下的茎延伸出地面以后重新发芽长成的。”

听了爷爷的话，我马上变得好奇起来。要是靠地底下的茎重新发芽的话，竹子又有什么必要开花呢？还有，为什么竹子开了花就得死去呢？但是，我还没来得及向爷爷请教，爷爷就用难过的语气说：“竹子想再次茂盛地生长，需要花 10 年的时间。可是，听到竹林里发出来的哭声，看来我能和竹子见面的日子已经没剩多少了，心里觉得好难过，很想哭。以前竹林曾经是咱们老虎的家。可是现在我们的处境不好了，被关在动物园的笼子里。”

爷爷难过地抬头望了望天。

“竹子的故事我也是从我的爷爷那里听来的。我的爷爷也是从他的爷爷那里听来的……不过，也不知道咱们老虎什么时候能再回到竹林里面生活。”

不知不觉间，爷爷的眼眶里已经满是泪水。我也是那个时候才知道，我们老虎并不是从一开始就在动物园的笼子里生活的。

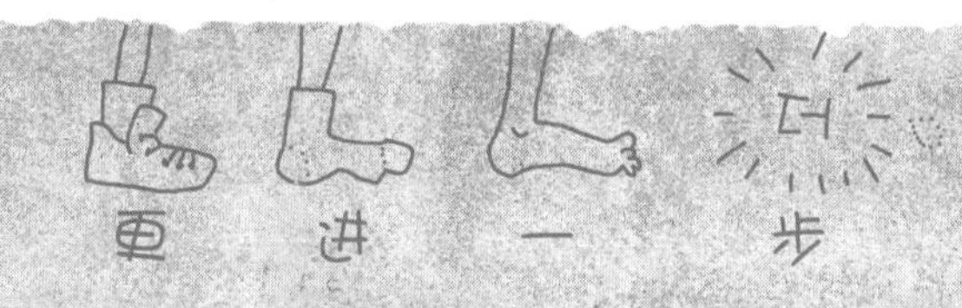

竹子 60 年开一次花

竹子的寿命一般为 7 ~ 8 年。竹子本来是不开花的植物。可是为什么说竹子 60 年开一次花呢?

竹子上开的花长得极像稻子的花。那么，竹子为什么 60 年开一次花呢? 很可惜，原因到目前为止还没有被揭开。也可能是因为这个缘故，既有“竹子开花就会有喜庆的事情”的说法流传下来，也有“竹子开花就会有不好的事情发生”的说法流传下来。

斑竹

竹子花

为什么竹子开花就会死？

这是因为花开在了竹子长叶子的地方。叶子利用阳光制造出竹子需要的养分。可是，没有长叶子反而开了花的话，就不能制造竹子需要的养分了，对吧？因此，如果竹子开了花，第二年那棵竹子就会死去的。

雨后春笋是什么意思？

竹子在地底下也养育着茎。地底下的茎每个竹节上都长着胚芽。雨后，地下的茎就会冒出地面，胚芽开始在四处发芽。后来，人们用“雨后春笋”比喻这个现象。“雨后春笋”本意指的是下雨之后冒出来的竹笋，后来用来比喻很多事情一起发生了。

菖兰

竹子平均每天长高50～60厘米，两个月以后就能长成很大的竹子。

菖兰、草莓、葛藤、红薯等都和竹子一样，是通过地下的茎来繁衍子孙的。

古时候文人雅士喜欢的植物——四君子

有四种植物，从古时候开始，我们的文人雅士就称之为四君子并为之作画或作诗进行赞美。这四种植物就是竹子、梅花、兰花和菊花。

竹子一年四季常青，茎长得笔直，内部中空，就好像没有任何贪心的纯洁的文人雅士一般。梅花在冬之寒意犹存的初春盛开，深受人们的喜爱。兰花则像极了高贵又有操守的女人。菊花则是文人雅士们生活里不可缺少的。菊花既可以用来泡酒，还可以用作药材。

兰花

梅花

竹子

菊花

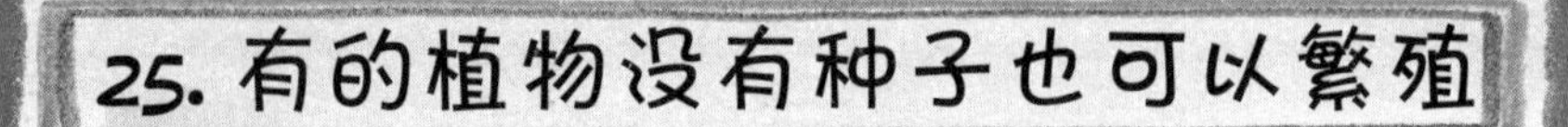

25. 有的植物没有种子也可以繁殖

草莓长着大脚板

探险家蚂蚁正在路上走着。突然，不知道从哪儿飘来了很香的气味。蚂蚁很快就找到了发出香味的地方。

“哇！是草莓呀！”蚂蚁高兴地大喊道。

“你好啊，草莓。我是探险家蚂蚁。你能给我一颗你的果实吗？”

“好啊，不过你得讲一个有趣的故事给我听。”

“这个嘛，不难。那是我在非洲探险的时候的故事了……”蚂蚁把他探险的故事有声有色地讲给草莓听了。

“哇！我真希望能亲眼看看。我想亲自量一量非洲狮子的头发有多长，还想摸摸大象的鼻子有多长。”

草莓一边说着一边给了蚂蚁一颗草莓。草莓的眼睛因为好奇心而闪闪地发亮。

“哈哈哈！那可真是个有意思的想法啊！”蚂蚁放声哈哈大笑以后，开始吃起了熟得让人垂涎欲滴的草莓。

“你的果实真是又香又甜。谢谢你让我填饱了肚子，现在我该上路了。”蚂蚁一边和草莓道别一边准备离开。

草莓突然说：“我决定了！我要和你一起走！”

“你说什么？你没有脚怎么走路啊？你也看见了，我的个头太小了，既背不动你也没有力气拖着你走。”蚂蚁觉得这根本不可能，所以一下子就打断了草莓的话。

“别担心。虽然我不能走着去，但是我可以爬着去啊。”

“你说你会爬？你真会撒谎。”

“你要是不相信，我可以让你眼见为实。看，我长着脚的。”

草莓把自己的一条茎使劲地摇给蚂蚁看。

蚂蚁把头摇得跟拨浪鼓似的："你可真是怎么劝都不听的植物啊。怎么可以硬耍赖呢？"

草莓毫不退让，说："这根茎叫作匍匐茎。因为它就像它的名字一样是在地上爬行的茎。我是靠匍匐茎繁殖后代的。你看。"

草莓刚说完，匍匐茎就在地面上爬行扎了根。

"看见了吧？再过几天这里也会结出甜甜的草莓的。然后呢，匍匐茎又会繁殖出新的后代。像我这样不通过种子繁殖，而是通过自己身体的一部分繁殖的叫作营养繁殖。"

"哇，真是难以置信！太震撼了！"

"我就是以这种方式生成了这一大片的草莓地。环游世界也可以通过这个方式啊。我一定要看遍全世界。所以，如果你愿意给我带路的话，我会很感谢你的。"

"那可不行。这个世界可大了。我去非洲探险还是多亏了候鸟们帮忙才实现的。好了，我要走了。再见！"

蚂蚁急匆匆地道完别就匆匆走了。

草莓望着蚂蚁消失的方向，自言自语道："哼！等着瞧！我一定要游遍整个世界。还要把我到过的地方都变成甜甜的草莓地。"

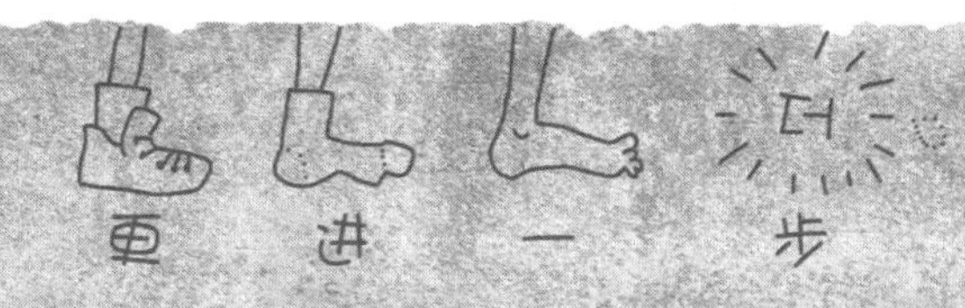

有的植物靠茎或根繁衍后代

草莓和毛茛都是通过延伸匍匐茎发芽的。

土豆

土豆通过块茎繁衍后代。所谓的块茎指的是膨胀得像果实一样的长在地底下的茎。很容易一下子就被想成是果实的土豆事实上就是块茎。土豆繁衍后代就是靠在这个块茎上发芽来实现的。

洋葱和郁金香则是靠球根繁殖的代表性植物。它们的根长得像球似的圆圆的，所以被称为球根。

洋葱球根

有的植物在叶子上发新芽

通过叶子繁殖的植物有红玉藤、吊灯花等。

吊灯花

红玉藤长在土地贫瘠的地方。厚厚的红玉藤的叶子里面满是水分。叶子掉落以后在贫瘠的地上扎根。

吊灯花是在叶子边缘处长出新芽的。然后，新芽生长一段时间以后就会掉到地上，在地上扎根。

草莓里没有种子吗?

大家都看过长在草莓里面的像芝麻似的小小的黑点吧?那黑色小点就是草莓的种子。

草莓

草莓的种子可不是从一开始就那么小的。是人们利用农业技术把草莓变成了现在的样子的。把种子变小，让果肉部分变得更多，也是为了让人们吃起来方便。

这样一来，草莓的种子就渐渐失去了原来的作用。不管怎么种草莓的种子，它都是不会发芽的。

植物的鬼把戏

一品红

植物若想制造种子必须得有搬运花粉的媒介。这样的话，植物就必须要容易引起媒介的注意。所以就有一品红、蜜蜂兰之类的为了引起媒介的注意而耍鬼把戏的植物。

一品红让自己植物顶端部分的叶子通红，使叶子从远处看起来就像花一样。因为一品红开黄色的花，但是太小而被叶子挡住了，不容易被昆虫注意到。

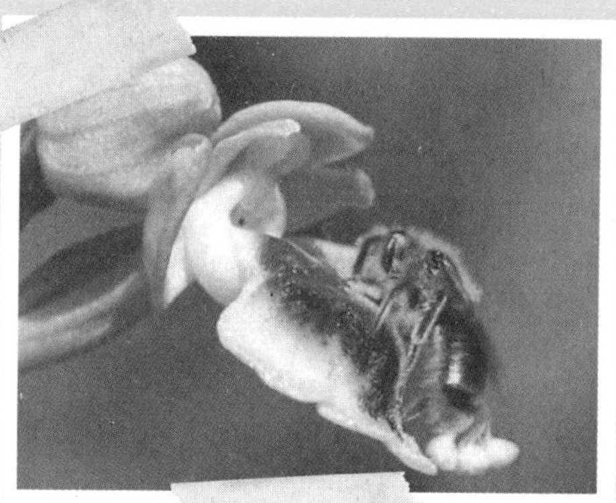
蜜蜂兰

蜜蜂兰的样子真的像一只蜜蜂。所以路过的蜜蜂都误以为蜜蜂兰是一只蜜蜂都会飞过来。当然是被蜜蜂兰给骗过来的。

巴西的马兜铃靠吸引苍蝇受粉。所以它发出的不是香味，而是腐肉的臭味，因为这样可以引诱苍蝇。

26. 用孢子繁殖的植物

蕨菜是个可怕的魔法师

痒痒啊，痒痒啊！现在我的嘴巴都快痒死了。布谷布谷！我真想说话啊！你问我为什么把嘴巴用绳子绑起来了？其实，我是在受罚呢。除了吃饭的时候，一直到明年春天我得一直这个样子过下去呢。

你问我怎么会受这么严重的惩罚？那是去年春天的事情了。以前从未见过的一棵植物在绿光花园发芽了。那就是名叫蕨菜的植物。

我突然特别想拿蕨菜打趣，于是就在全村吆喝说蕨菜是个很厉害又非常坏的魔法师。最开始的时候没有人相信我。

“怎么可能呢？蕨菜看起来非常善良。”

“你真笨！那都是他的鬼把戏罢了。他可是为了抢走你们辛辛苦苦造好的种子才假装很善良的。你们见过蕨菜开

花吗？见过吗？蕨菜不能开花，他怎么造种子啊？可是蕨菜却繁衍了很多后代，真的非常奇怪，难道不是吗？”

嘻嘻，我若有其事地那么一说，大家伙就都乖乖地倾听我说话了。

“听说蕨菜会偷别的植物的种子，然后把它变成自己的种子。这都是通过施魔法做到的。怎么样？你们还是不能相信我吗？”

啊啊！瞧我这绝顶的口才。大家伙这才露出了被吓了一大跳的表情。接着，他们气冲冲地一股脑儿地去找蕨菜了。

“把蕨菜赶出去！”

“把蕨菜这个坏魔法师偷走的种子找回来！”

“蕨菜的叶子下面藏着他偷来的种子！”

“那布谷鸟的话都是真的了？”

对蕨菜进行搜身的植物们又气愤又觉得不可理喻，恶狠狠地瞅着蕨菜。他们发现有一些小颗粒像栗色的带子似的围在蕨菜的叶子背面。

“你这个坏魔法师！快把我们的种子还给我们！”

“你们到底在说什么啊？这是我做的孢子囊啊。而且我也不懂什么魔法。”

大家伙都不相信蕨菜的话。我在旁边一直看着，别提有多高兴了。

可是我也不知道是怎么回事，猫头鹰爷爷像程咬金似的突然出现了。

“等一下，各位！别听布谷鸟胡说。蕨菜不是魔法师，他和各位一样也是植物。如果说有和你们不一样的地方，那就是蕨菜不是通过开花制造种子的。他和苔藓一样，是通过孢子繁殖的。现在你们知道了吧？”

就这样，我的谎言都被揭穿了。所以，我就受到了一年期间不能说话的惩罚。什么？你说我这真是活该？是的，我也这么想。

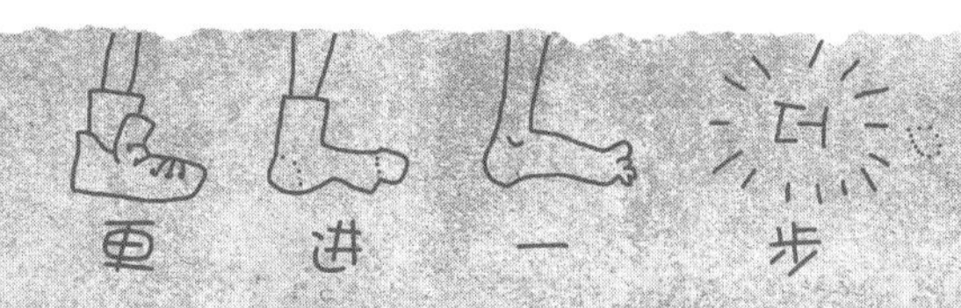

比恐龙更早出现在地球上的蕨菜

3亿年前，在恐龙出生的很久很久以前，蕨菜就出现在了地球上。地球上以蕨菜为代表的蕨类植物成片成林。蕨类植物指的就是那些不开花，在叶子背面制造种子的植物。

和现在不同，3亿年前的蕨类植物都长得很高，足足高达15米。那些蕨类植物长期被埋在地下，结果变成了今天的煤炭。煤炭点燃就可以做燃料了。

蕨菜

蕨菜有很多孢子囊

蕨菜不开花，而是在叶子背面制造种子。这样生成的种子叫作孢子。你看，在蕨菜叶子的背面挂着很多囊。那些就是孢子囊。但是，孢子长得很小，又不带有养分，所以只能存活一年。海带之类的藻类和土马鬃之类的苔藓类通过孢子繁殖后代。

长在蕨菜叶子背面的孢子囊

蕨菜像蝴蝶一样，也经历幼虫时期

所有的种子和孢子发芽以后就会先长成幼小的植物。但是，蕨菜有些特别。它从孢子长成配子体之后，才再长成蕨菜。这个过程就同蝴蝶的卵长成幼虫之后，再从幼虫长成蝴蝶的过程是一样的。

所谓的配子体指的就是发了芽的蕨菜孢子。它在配子体上生出起到雌蕊和雄蕊作用的物质，互相结合。

在这之后配子体就长成了幼小的蕨菜。人们用通过这样的过程长大的蕨菜做成蕨菜拌菜食用。

植物世界的拓荒者——苔藓

有一种植物，即使是在零下 40 摄氏度的酷寒里也丝毫没有问题，这就是苔藓。据说把长在南极的某种苔藓放在冷冻室里放了 5 年以后再拿出来，苔藓居然还活着。苔藓正是这样一种在别的植物生存不了的地方也能轻松生存的强悍的植物。

苔藓不仅可以生存在什么都无法生存的荒地上，而且还可以把它所在的贫瘠的土地变成肥沃的土地。那么，苔藓为什么能在贫瘠的土地上生存呢？这是因为苔藓可以把飘浮在空气中的水分吸收到自己的身体里面。

苔藓

怎么样？这样看来，苔藓可以被称为植物世界的拓荒者了吧？

但是，如此强韧的苔藓也有它不能生存的地方，那就是空气很脏的地方。如果你们住的地方长有苔藓的话，说明那里的空气很清新、很干净呢。

27. 蘑菇不是植物

咕咚咕咚！从树林的一边传来了挖掘机嘈杂的声音。因为这，树林里的领导们聚集在了一起。

“到底发生了什么事情？”

“也许是人们要把这个树林给消灭了呢！上次不是用岩石在小溪边盖了很大的房子吗？还开发了田地。就是因为这个，生活在那边的动物们和植物们都失去了家园。”

“无论如何咱们得想出对策才行。”

树林里的领导们认为不能就这么傻傻地等着，所以决定召开树林里的全体大会。

“嘟嘟嘟，嘟嘟嘟！树林里所有的动物和植物，全部集合了！”啄木鸟大声喊道。不一会儿，树林里的植物和动物就都集合在了一起。大家伙都是一副不知所以然的表情。

可是，树林里又发生什么事情了吗？只见小松树气喘吁吁地跑过来，大声喊道：“啄木鸟大叔！蘑菇们非常生气。我跟他们说一起来参加树林里的全体大会，可是他们坚持不肯来。”

“这些小不点儿这么小就开始耍心眼儿不听话了？我得去教训教训他们。”啄木鸟大叔觉得蘑菇们很不应该，生气地说。

“蘑菇们，跟我一起去开会吧。说不定树林里要出大事了呢，咱们应该团结起来，集合咱们的智慧和力量来阻止才行。”啄木鸟大叔用平稳的口气说。可是，葡萄状枝瑚菌满脸不高兴地回答说：“不要。我们去那里干什么啊？”

“你这个家伙！你这是什么说话的态度啊？真是个坏孩子！”啄木鸟大叔厉声吼道。

“我也想去，但是我这不是不能去嘛。”葡萄状枝瑚菌觉得很委屈，哇的一声哭了起来。

“你的话到底什么意思？有谁不让你们来参加树林里的全体会议了吗？”

“虽然没有人不让我们去，但是，啄木鸟大叔您只让植物和动物去了啊。”这次是松茸不高兴地说道。

“是啊，所以身为植物的你们也应该来啊。”啄木鸟不知缘由地回答说。听了这话，毒蘑菇觉得不可理喻，顿了顿大声喊道：“天哪！竟然说我们是植物？我们才不是呢！我们都是菌类。”

“什么？这是什么话？你们怎么会是菌呢？”

“我们的身体和菌一样都是由菌丝组成的。而且，我们不能像植物一样进行光合作用，既不能长叶子也不能开花。”松茸一边抹眼泪一边说。

直到这时，啄木鸟才恍然大悟地点了点头。“哎呀呀，真是太对不起了。从今往后，我就这么吆喝大家伙：‘树林里的各位动物、植物，还有菌类，集合啦！’所以啊，你们别生气了，跟我去开会吧！”

这时蘑菇们才高兴地笑着回答：“是！快点走吧。不然要迟到了！”

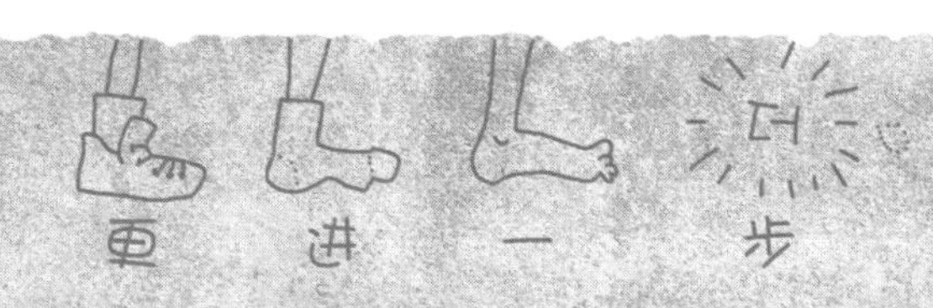

蘑菇和菌是一家人

蘑菇在生长着树木或草的地方生长。因此，蘑菇很容易被认为是植物。尽管蘑菇既不长叶子又不开花。

其实，蘑菇和菌是兄弟。蘑菇和菌只是外表相互不同而已，它们都是由菌丝组成，通过孢子繁殖的。所以，蘑菇和菌合称为菌类。

把蘑菇拔出来观察，就会发现蘑菇茎的底端长有白色的线。那就是菌丝，它的工作是负责吸收养分。

植物常识

蘑菇是森林里的清洁工

蘑菇生长在阴凉潮湿的地方。蘑菇可以吃掉动物的尸体、粪便、落叶或者腐烂的植物。因此，蘑菇被称为森林里的清洁工。

蘑菇里面既有像葡萄状枝瑚菌、松茸、 蚝蘑一样有利于身体健康的，也有像毒伞菇、毒鹅膏菌一样带有可怕的毒，如果人吃了可能会丢掉性命的。所以，去山上的时候即使发现蘑菇，也不能随便采来吃。

怎样区别毒蘑菇？

可以吃的蘑菇有松茸、葡萄状枝瑚菌、木耳、香菇、多汁乳菇等。不能吃的蘑菇有毒蝇蕈、月夜菌、假羊肚菌蘑菇、毒伞菇等。

毒蘑菇绝大多数色彩很华丽。但并不是说，是毒蘑菇就一定色彩华丽。有些毒蘑菇长得和可以吃的蘑菇很像。

如果不是专家的话，一般人很难分辨出哪是可以吃的蘑菇，哪是有毒的蘑菇。

能区分出毒蘑菇的最好的方法就是记住毒蘑菇的样子。

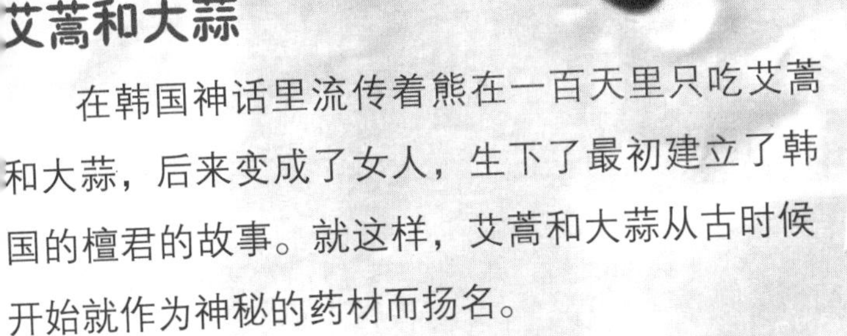

神话传说中的艾蒿和大蒜

在韩国神话里流传着熊在一百天里只吃艾蒿和大蒜，后来变成了女人，生下了最初建立了韩国的檀君的故事。就这样，艾蒿和大蒜从古时候开始就作为神秘的药材而扬名。

在被虫子或蛇咬了的时候，如果抹上艾蒿的汁液，就能治愈伤口。而且，还可以用艾灸治病。不仅如此，还可以把艾蒿点燃用来熏蚊子，也可以用艾蒿做成年糕吃。大蒜能让我们的身体变得更结实。据说大蒜里面含有防癌的成分。

28. 植物的祖先是什么

葡萄树孤独的旅行

在一个村庄里有一株葡萄树，那株葡萄树很想知道自己是怎么出生的。每当这个时候，别的树木们就会批评他说："你这个笨蛋！你当然是你的爸爸和妈妈生的啊！"

"我想知道的是，最开始的时候在地球上生存过的植物是谁。你知道吗？"

"喂，干吗为了那种没用的问题苦恼呢？都忘了吧！"

后来有一天，梨树大叔这样暗示葡萄树："你去问问身为裸子植物的松树和银杏树吧，咱们被子植物很久以前也是裸子植物呢。"

"裸子植物？被子植物？那都是什么啊？"葡萄树竖起耳朵问道。

"嗯，没有子房壁，胚珠露在外面的植物叫作裸子植物。像咱们这样从一开始胚珠就藏在子房里的植物就叫作被子植物。"

“啊，原来是这样啊。咱们不是从一开始就是被子植物啊。”

葡萄树马上去找松树了。葡萄树一看见松树就乐陶陶的。“松树先生，您看起来就像古时候卓越的文人雅士一样有风范。您是咱们植物的始祖，真让我感到自豪啊。”

“我？不是啊。你去问问蕨类植物吧。因为蕨类植物比我们出现在地球上的时间还要早。”松树笑眯眯地说。

所以，葡萄树又上路了，充满了要拜见更伟大的祖先的期待。但是，见到蕨类植物以后，葡萄树非常失望。

“唉呀！这么寒酸的植物竟然是我们的祖先。”不过，葡萄树还是很郑重地向蕨类植物请教道：“先生！您真的是植物的祖先吗？”

“我？不是的。还有比我更久远的植物呢。”

听了他的话，葡萄树又去找苔藓了。

“啊？比蕨类植物的外表还没法看呢！”葡萄树无语了。为了拜见植物的祖先不辞艰辛地找来了，但是苔藓只不过是长在潮湿的岩石缝隙之间的植物。

“苔藓先生！您真的是咱们植物的祖先吗？”葡萄树恭敬地问道。

“去问问藻类吧。生活在海里的藻类应该是比我更早生存在地球上的。”

“藻类都比您个头小吧？”

“应该是吧。喂！你可别因为个头小就瞧不起他们。如果没有藻类的话就不可能有我们苔藓的出现。就更别提比我们出现得晚得多的你们了！”

听了苔藓的话，葡萄树觉得脸上热辣辣的。葡萄树怀着歉意郑重其事地向苔藓道了别。“非常感谢您告诉我这些。”

然后葡萄树又上路了。他边走边下定决心，这次，不管他要见到的植物外表看起来多不起眼，他也绝不失望，绝不轻视。

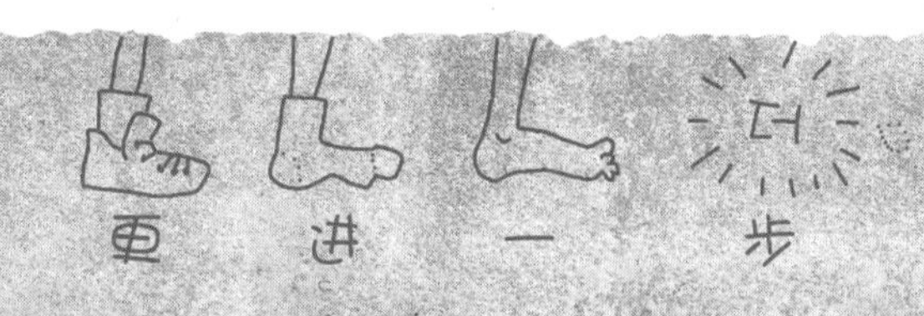

出现在地球上的第一个绿色植物

出现在地球上的第一个植物是衣藻、小球藻之类的绿色藻类。所谓的藻类是像海带一样生活在水里的植物的统称。

在没有其他任何一种植物的很遥远的以前，绿色藻类自己制造养分，把氧气排到外面。多亏了绿色藻类，地球上才开始产生了氧气。从那以后，靠氧气呼吸的动物也就相继出现了。而那些绿色藻类则历经漫长的岁月，进化成了今天不计其数的植物。

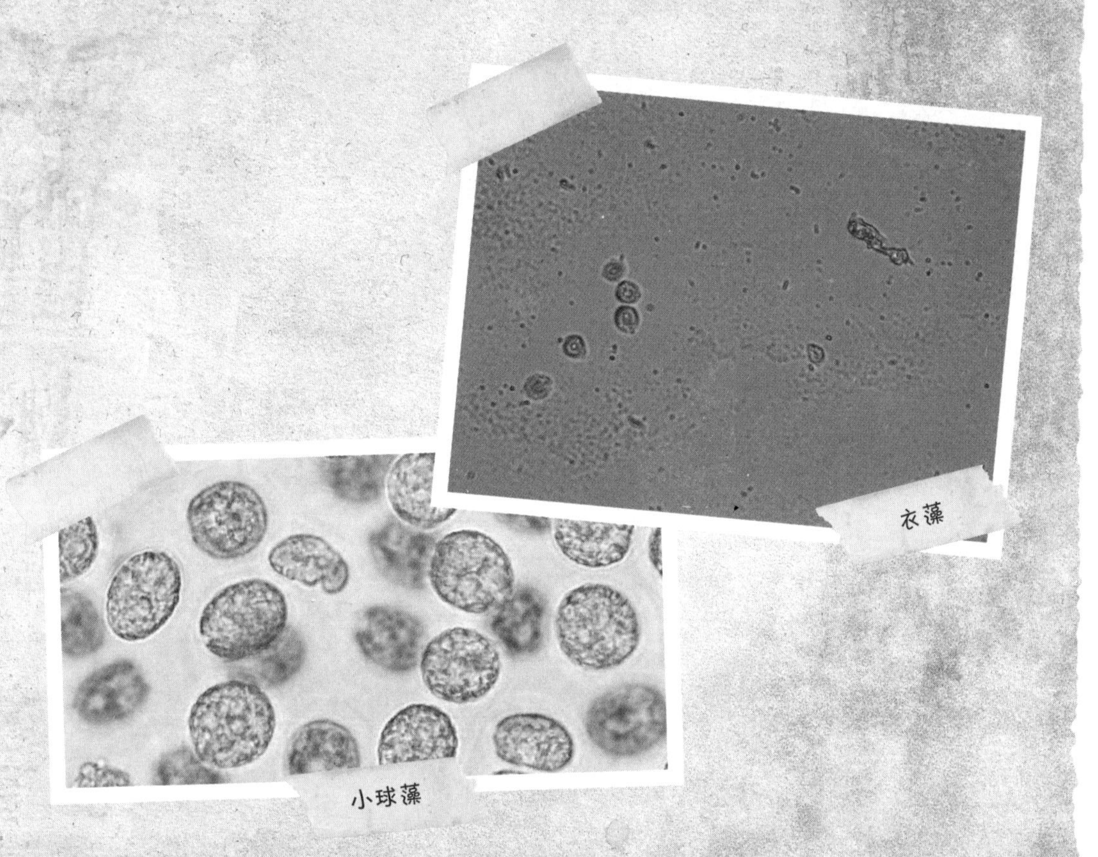

植物常识

植物生活的地方

现在你知道植物进化的族谱了吧？下面我们一起来了解一下那些植物生活的地方吧。藻类植物生活在水里面，苔藓植物和蕨类植物生活在潮湿阴凉的地方。裸子植物和被子植物主要生活在干燥、日照充足的地方。

海带

土马鬃

生活在浅水里的绿色藻类。

随着水深的变化，藻类的颜色也不一样

藻类的身体扁平，表面覆盖着一层滑滑的液体。因此，即使波浪再大，藻类的身体也绝不会折断或者撕裂。

根据生存的水域的深度，藻类大致可以分为绿色藻类、褐色藻类和红色藻类。

生活在水浅的地方的藻类呈绿色，生活在水深一些的地方的藻类呈褐色，生活在水很深的地方的藻类则呈红色。

藻类无叶子、茎、根之分。而且藻类不开花，通过孢子繁殖。

35 亿年前地球上发生过的事情

地球是大约 45 亿年前诞生的。那个时候地球上还不存在任何生命体。地上只有汪洋大海，天上只飘浮着二氧化碳和氮气。

后来，到了大约 35 亿年前，二氧化碳和氮气受到太阳光照后变成了小的蛋白质团。下雨的时候，这些蛋白质团就随着雨一起掉进了大海里。通过这个过程生成的就是地球上最初的生命体——细菌。

35 亿年前出现的最初的生命体经过了漫长的岁月，进化成了今天的植物和动物。所谓的进化，指的是植物为了适应特定的生存环境而自己发生变化。

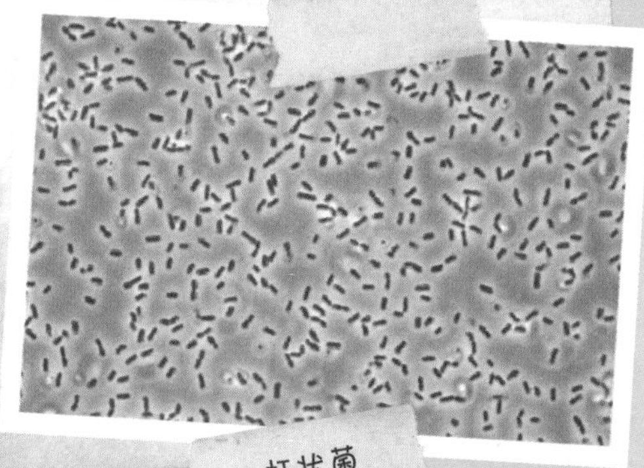

杆状菌

29. 随着岁月的流逝，树林也会发生变化

前来租住的橡树

红松树高高地仰起头望着天空。云彩飘浮在空中，远处有鸟儿成群结队地正朝这边飞过来。

这时候，不知从哪儿传来一棵小树的声音。

“您好啊！我叫橡树。”

“咦？这里是松树林啊，橡树怎么来了？”松树大吃一惊地问。

“是去年的时候松鼠把我带到这里来的。所以我就在这里发了芽。”

“可是，既然决定在这里发芽了，怎么不离我远一些呢？被我的大个头挡住了，你不就没办法好好地接受阳光的照射了吗？树得从小接受充足的阳光照射才能健康呢。”

“我更喜欢阴凉的地方。小苦槠和小栗树也一样。所以我们才早早地就在像叔叔您一样高大的树旁边的地方占位子啊。”

红松树再一看才发现，松树林里有很多陌生的小树在松树间生长。

在红松树看来，这些小树对松树造不成多大的危害。所以，他决定接受这些小树做他的新邻居。

就这样10年过去了。橡树越长越大，对松树也开始有了不满。

“哎呀！请您务必把您那像针一样的叶子拿开！每次碰到都会把我扎得很疼。”

“所以啊，你刚搬来的时候我就告诉你让你早点儿离我远一些了嘛。”松树觉得很抱歉。

“松树们真坏！总是让别人受到损害。不仅有那些长得像针一样又尖又硬的叶子，而且，为什么只有松树霸占着阳光呢？厚朴树和栗树也十分不满呢。”橡树还是气哄哄的。

结果，松树发火了：“说自己喜欢阴凉，所以要留在像我这样的大树旁边的不是你吗？”

“那是以前的事情了啊。而且我们小的时候在阴凉里也能很好地生长，不觉得有什么问题。但是现在不同了，我们也想看看敞亮的天空。要想那样的话我们就得长得像叔叔您一样高，可是叔叔您把阳光都挡起来了，我们照射不到阳光就再也长不大了。”橡树激动得口水四溅地说。

“都说兔死狗烹，原来你就是那样啊！这里本来就是松树林，搬家来租住的你却在这里大喊大叫的。”松树觉得橡树很可恶。橡树再也没说什么，但是却在心里暗暗地说：“哼！看看你们松树还能称霸多久，走着瞧！”

岁月流逝，20 年过去了。橡树的个头和 20 年前相比没有什么大的变化。但是，松树却开始疾病缠身。松树本来就年纪大了身体变弱了，又加上被松针瘿蚊折磨得很痛苦。结果，松树再也坚持不住倒下了。

“啊！这是我等了多久才等来的阳光啊？从今往后我就是这个林子的主人啦！”

橡树开始茁壮成长了。就这样，原先的松树林逐渐地被橡树、苦槠、栗树之类的新树组成的树林给取代了。

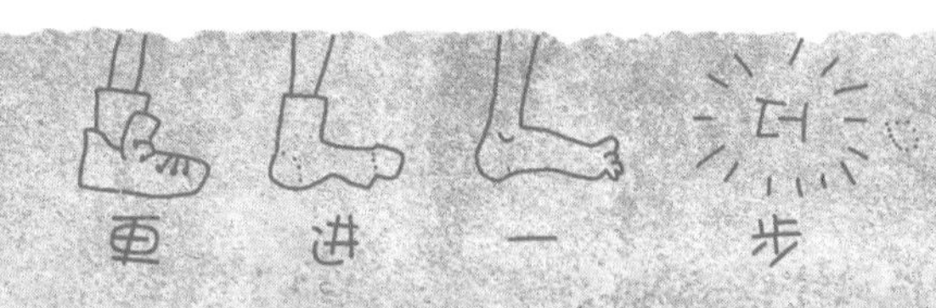

树林灭亡了，国家也会灭亡

大约 2000 年前在阿拉伯有一个叫作美索不达米亚的地方。美索不达米亚是人类文明的发源地之一。

美索不达米亚原本是土地肥沃、树木茂盛的地方。因为这样优越的自然环境，美索不达米亚很早就农业发达，文化和艺术繁荣发展。

但是，美索不达米亚的人们开始肆无忌惮地毁坏树林。为了种植更多的粮食，他们砍伐了树林，在那里开垦了田地。自从茂密的树林消失以后，只要一下雨河里的水就会泛滥。结果美索不达米亚因为频繁的洪灾最终亡国了。美索不达米亚的人们根本不知道树林有治理洪水的作用。

除此之外，像玛雅、罗马等古代国家也是因为肆意对待树林而亡国的。就像这样，如果树林灭亡，国家也会跟着灭亡。树林是人类得以生存的重要的根基。

演替是什么意思？

有一天，贫瘠的大地上出现了开荒者。那就是在贫瘠土地上也能很好地生长的苔藓。

贫瘠的土地逐渐变得肥沃起来。接着，蕨菜和狗尾草之类的草也出现了。

过了很久以后，树也出现了。这就是从小就得接受阳光照射的松树。就这样，荒芜之地变成了松树林。

又过了很久，松树林里开始出现了其他种类的树。是一些厚朴树、苦槠、橡树一类的叶子很宽的树。这些树利用宽宽的叶子接收到从在松树的树枝之间照射进来的阳光，生长得很好。

不知不觉间，叶子很宽的树成了树林新的主人。这是因为年纪大了的松树死去，小松树又因为被别的大树挡住了阳光而不能生长的缘故。

像这样，植物从开始出现在荒芜之地上到变成树林的过程就叫作演替。

30. 树林给了我们很多

树林里的自吹自擂大赛

有一天，树木和草发生了争执。那次的争执是由于各自都认为自己对人们更有用处而引发的。

“看，直升机的机翼就是模仿我做成的。我的包着种子的壳上就长着两个翅膀，这两个翅膀和直升机的机翼一样可以一边打转一边乘风而飞起来。人们就是从我这儿获得了灵感才制造了直升机。”枫树得意扬扬地喊道。正好直升机正“哒哒哒”地飞着。

“哼！那我呢？为了让小孩子们方便地穿鞋脱鞋制造的尼龙搭扣带正是仿照我的果实制造的呢。”牛蒡拍着自己的胸脯不甘示弱地说。

就这样开始的树和草的争执继续着。

木棉：人们从我的果实里收获棉花，还利用我的果实制造出布料。要是没有我的话，人类说不定还像很久远的以前那样，穿着用树叶做成的衣服呢。

橡胶树：我的身体里分泌出一种叫作乳胶的汁液。人们利用这个制作橡胶。如果没有我的话，车也很难滚着走。没有其他的车轮子能像橡胶车轮一样又结实又有弹性。

杨树：我的皮可是人们头疼的时候吃的叫作阿司匹林的药的原料呢。如果没有我，人们头疼的时候恐怕就得皱着眉头，扭曲着脸了。

甘蔗：那你们也比不上我！人们离开了糖是不能生存的。喝茶的时候，吃苦药的时候，制作零食和糖块的时候，烹饪的时候，都得用糖吧。那么有用的糖正是从我的茎上榨出来的！

栓皮栎：你们知道我和软木栎的用途有多大吗？我们表皮和内稃之间其实还有一层皮。这层皮叫作栓皮。人们用栓皮制作瓶塞儿、鞋底和登山鞋。因为栓皮既不漏水和空气，也不导热，再加上栓皮很轻，有许多用途。

软木栎：是的是的！

别的树：哼！那个栓皮可不只你们才有。只要是树就都长着栓皮。

栓皮栎和软木栎：哈哈哈，那是当然啊。

软木栎：但是你们的栓皮太薄了，根本没什么用处。

罂粟：都别说了！现在该听我说了。我不仅花很美丽，而且果实也是非常珍贵的药品。我的果实被称为鸦片，人们伤得特别严重或者得了不治之症非常痛苦的时候就会吃我的果实，疼痛就会减轻。但是，如果随便使用我的果实，那是件非常危险的事情。”

“哼！我怎么样啊？”

罂粟的话刚一说完，苎麻、玉竹、玄胡索、松树、橡树就抢着要说话。如果想要把那些植物的话都听一遍，可能用一天的时间都听不完。

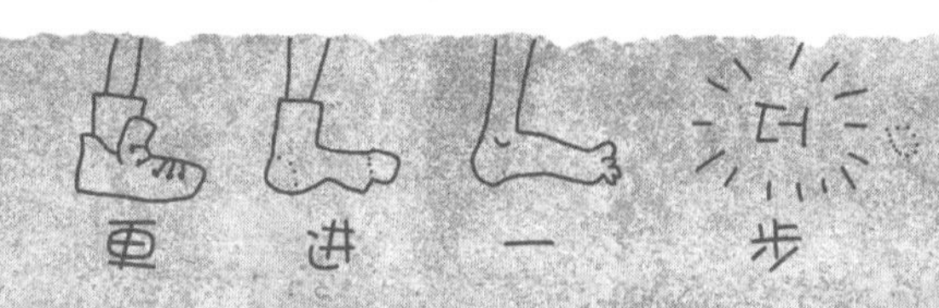

让我们好好爱护树林吧

如果树林也拿工资的话，一年可以拿巨额工资。

那么，究竟树林做了什么工作可以拿巨额工资呢？

首先，树林提供给我们干净清新的空气和质量优良的土壤。树林还可以防止洪灾的发生和防止山体滑坡。树林还是飞禽走兽的家园。同时，树林还是把地球装扮得很美丽的艺术家。不仅如此呢！组成树林的树木和草可以被用作药材。这样看来，树林所做的一切是用钱无法计算的。让我们一起好好爱护我们每个人都应该感激的树林吧！

绿葱葱的山

植物 常识

对人类的生存有帮助的植物们

1. 阿司匹林是用从杨树皮上产生的成分制成的。

2. 云杉、枞树之类的树是造纸的材料。如果没有这些树，就没有书和报纸。

构树

3. 橡树和梧桐树是制造家具的好材料，因为它们的木材结实不易弯曲，尤其是梧桐树，是制作小提琴的好材料。

4. 车轮是用橡胶树分泌的橡胶做成的。

5. 口香糖是用人心果树上分泌出来的汁做成的。

6. 香水和化妆品是用薄荷、玫瑰、油菜、黄瓜、芦荟之类植物的汁液制成的。

7. 杉树用来制作铅笔。

8. 白杨是用来制造火柴棍的材料。

人心果树

9. 有很多植物被用作药材。桉叶油用来止咳，赤柏松的果实被用作治疗癌症的药。除此之外，人参、山茱萸也是非常重要的药材。

杉树

像这样，植物们为人类的生存提供着至关重要的帮助。

接橡胶树的乳胶

图书在版编目（CIP）数据

我可爱的植物伙伴/韩国巨天牛作家团体著；（韩）沈润贞绘；金恩净，许海霞译．—北京:光明日报出版社，2014.4
（超好玩的科学故事）
ISBN 978-7-5112-5690-4

Ⅰ．①我… Ⅱ．①韩…②沈…③金…④许… Ⅲ．①植物－少儿读物 Ⅳ．①Q94-49

中国版本图书馆CIP数据核字（2013）第294138号

版权登记号：01-2013-8607

我可爱的植物伙伴

著　　者：韩国巨天牛作家团体　　绘　　图：沈润贞
翻　　译：金恩净　许海霞

责任编辑：朱　宁　　责任校对：傅泉泽
封面设计：李根星　　责任印制：曹　诤

出版发行：光明日报出版社
地　　址：北京市东城区珠市口东大街5号，100062
电　　话：010-67078244（咨询），67078870（发行），67078235（邮购）
传　　真：010-67078227，67078255
网　　址：http：//book. gmw. cn
E - mail：gmcbs@gmw. cn zhuning@ gmw. cn
法律顾问：北京市天驰洪范律师事务所徐波律师

印　　刷：北京盛源印刷有限公司
装　　订：北京盛源印刷有限公司
本书如有破损、缺页、装订错误，请与本社联系调换

开　　本：710×1000　1/16
字　　数：100千字　　印　　张：11.5
版　　次：2014年4月第1版　　印　　次：2014年4月第1次印刷
书　　号：ISBN 978-7-5112-5690-4

定　　价：35.00元